博碩文化

博碩文化

博碩文化

Clean Agile
無瑕的程式碼 敏捷篇

Robert C. Martin

還原敏捷真實的面貌
Clean Agile: Back to Basics

盧國鳳、陳錦輝 翻譯
魏聲圩 審校
搞笑談軟工 *Teddy Chen* 專文推薦

本書如有破損或裝訂錯誤，請寄回本公司更換

作　　者：Robert C. Martin
譯　　者：盧國鳳、陳錦輝
審　　校：魏聲圩
責任編輯：魏聲圩

董 事 長：陳來勝
總 編 輯：陳錦輝

出　　版：博碩文化股份有限公司
地　　址：221 新北市汐止區新台五路一段 112 號 10 樓 A 棟
　　　　　電話 (02) 2696-2869　傳真 (02) 2696-2867

發　　行：博碩文化股份有限公司
郵撥帳號：17484299　戶名：博碩文化股份有限公司
博碩網站：http://www.drmaster.com.tw
讀者服務信箱：dr26962869@gmail.com
訂購服務專線：(02) 2696-2869 分機 238、519
（週一至週五 09:30 ～ 12:00；13:30 ～ 17:00）

版　　次：2022 年 9 月初版一刷

建議零售價：新台幣 560 元
I S B N：978-626-333-258-4
律師顧問：鳴權法律事務所 陳曉鳴律師

國家圖書館出版品預行編目資料

無瑕的程式碼.敏捷篇：還原敏捷真實的面貌 /
Robert C. Martin 著；盧國鳳，陳錦輝譯. -- 初版.
-- 新北市：博碩文化股份有限公司, 2022.09
　面；　公分
譯自：Clean agile : back to basics.

ISBN 978-626-333-258-4（平裝）

1.CST: 軟體研發 2.CST: 電腦程式設計

312.2　　　　　　　　　　　　　111014351
Printed in Taiwan

博碩粉絲團

歡迎團體訂購，另有優惠，請洽服務專線
(02) 2696-2869 分機 238、519

獻給每一個曾向風車或瀑布挑戰的程式設計師。^{（譯註）}

Clean Agile 的名人讚譽

在讓一切成為敏捷的旅途中，*Uncle Bob* 老早就熟門熟路，不管什麼好的壞的都經歷過。在這本讀來愉悅的書中，有一部分是歷史，有一部分是個人的故事，整本書都是智慧的累積。如果你想了解敏捷是什麼，以及它是如何形成今日的敏捷，你一定要閱讀這本書。

—— *Grady Booch*

Uncle Bob 在書中的每一句話都塗上失望的色彩，但這完全是合情合理的。敏捷開發世界的現況，遠遠比不上它應該達到的模樣。*Uncle Bob* 在本書中分享了他的觀點，只要聚焦在某些事項上就能夠還原敏捷應該呈現的面貌。他是這方面的過來人，所以他的想法值得我們傾聽。

—— *Kent Beck*

閱讀 *Uncle Bob* 對敏捷的看法是一件很享受的事。無論是初學者，或是經驗豐富的敏捷實踐者，你都應該閱讀本書。我幾乎同意書中的所有內容。只是有些地方會讓我意識到自己的缺點，真氣人。它讓我再次細心檢查我的程式碼覆蓋率（85.09%）。

—— *Jon Kern*

本書提供了一個歷史的回顧鏡頭，讓我們可以更全面、更準確地檢視敏捷開發。*Uncle Bob* 是我見過最聰明的人之一，他對程式設計有無限的熱情。如果有人能夠揭開敏捷開發的神秘面紗，那就是他了。

—— 摘自 *Jerry Fitzpatrick* 所寫的前言（*Foreword*）

這是一本真正告訴你，什麼是「真正的敏捷」的書籍。由《敏捷宣言》參與者之一的 *Bob* 大叔來告訴你，最純粹的「敏捷」是什麼？他們當年認為的「敏捷」真義是什麼？

《敏捷宣言》至今約二十年，在這期間，有許多打著敏捷旗號的人們做的並非敏捷的事，甚至還有某些技術號稱是敏捷的一種，但卻根本違反了「敏捷」的真義。這使得本書作者不得不出版本書，以正視聽。

—— 博碩文化總編輯 陳錦輝

推薦序

兩年前我讀了本書英文版，有種喚起 Agile 初心的感動。這一波的敏捷熱潮始於軟體開發，近年來已成功將影響力擴展到軟體領域之外，似乎萬事皆可敏捷。本書回歸軟體開發，是 Uncle Bob 描述自己對於敏捷發展歷史的回憶，以及敏捷開發應該長成什麼樣子的見解。

書中介紹的敏捷方法，基本上就是 Kent Beck 所提出的 XP（eXtreme Programming），作者重新詮釋 XP 的 12 個實務做法與 4 個價值。雖然書中對於敏捷的若干看法可能與現今坊間流行趨勢相左，例如是否需要敏捷教練與大規模敏捷，但這應該是作者有意為之的結果。從正面來看，可讚賞作者不忘初心，方得始終。從負面來看，可批評他老人家食古不化，沒有與時俱進。但這不會減損本書的價值，我反而覺得很好。至少對軟體開發人員來說，重新提醒我們：「需要寫程式的敏捷到底是什麼！」

對我而言，敏捷是追求「軟體開發永恆之道（The Timeless Way of Software Development）」的一種途徑。在工作現場親身感受形成永恆之道的那些特質是什麼，怎麼稱呼它不是那麼要緊，好的方法其核心價值是一致的。這一點，在本書結論中也提到類似觀點。

敏捷，是一種專業力。專業力不是技術至上的技術控，而是要觀照全局，平衡軟體開發的各種作用力 —— 業務、時程、經費、人力、公司與團隊文化、技術能力等，並以一種**可持續**的方式運作下去。在你的工作崗位上不斷精進，一步一腳印，不打馬虎眼，你將越來越敏捷，有能力靈活應付各種挑戰。

博碩文化出版社請我寫新書推薦序，先寄給我中文版草稿，我會在電腦上把草稿讀過一次。本書翻譯品質很好，至少我可以看懂中文版絕大部分的內容，不用回頭去對照英文版。這對於一本中文翻譯書籍來說，屬實重要。

Teddy Chen

部落格「搞笑談軟工」板主

2022 年 9 月 7 日

推薦序

敏捷開發（Agile Development）究竟是什麼？它的起源為何？它又是如何演進呢？

在這本書中，Uncle Bob 為上述的問題提供了仔細且深入的解答。他同時指出敏捷開發在許多方面是如何被誤解和被誤用。他的觀點非常切中主題，因為他就是這個主題的權威，並且參與了敏捷開發誕生的過程。

Bob 跟我是多年的老朋友了。我們的第一次見面，是在我 1979 年加入 Teradyne 電信部門的時候。身為一位電機工程師，我協助產品的安裝與支援。之後，我成為了硬體設計師。

在我加入公司約莫一年之後，公司開始尋找新的產品創意。1981 年，Bob 和我提出了一個電子電話接待員（electronic telephone receptionist）的想法 —— 基本上就是一個具有呼叫路由功能（call-routing features）的語音郵件系統。我們的公司喜歡這個概念，於是我們很快就開始開發「E.R.」（The Electronic Receptionist，電子接待員）。我們的原型（prototype）可以說是十分先進的。它在 Intel 8086 處理器上執行 MP/M 作業系統。語音留言則儲存在一個擁有 5MB 的 Seagate ST-506 硬碟上。當 Bob 開始著手編寫程式的時候，我設計了語音埠的硬體。設計完成之後，我也開始寫程式。從那一刻起，我就一直擔任開發人員至今。

大約在 1985 年或 1986 年的時候，Teradyne 突然終止了 E.R.的開發，且在我們不知情的狀態下，撤回了專利的申請。這是一個很快就令公司感到懊悔不已的業務決定，至今仍使 Bob 和我耿耿於懷。

最終我和 Bob 都分別離開了 Teradyne，尋求其他的機會。Bob 在芝加哥地區開始了他的顧問諮詢事業。我則成為約聘的軟體工程師和講師。我們仍然保持聯絡，即便我搬到了另一個州。

2000 年的時候，我在 Learning Tree International 培訓公司教授「物件導向分析與設計」（Object-Oriented Analysis and Design）。該課程結合了 UML 和 USDP（Unified Software Development Process，統一軟體開發程序）。我精通這些技術，但並不熟悉 Scrum、極限程式設計（Extreme Programming）或其他類似的方法。

2001 年 2 月，《敏捷宣言》（Agile Manifesto）出版了。就像許多開發人員一樣，我的第一個反應是：『*敏捷啥？*』我知道的宣言，就只有 Karl Marx（卡爾·馬克思）寫的那個。他可是一個狂熱的共產主義者呢。這個敏捷的玩意兒是要大家發動革命嗎？一群可怕的軟體激進份子！

不過這個《敏捷宣言》確實也引發了各式各樣的「叛亂」（rebellion）。它企圖透過協作的、自我調整式的以及回饋驅動的方法，來啟發精簡、乾淨程式碼的開發。它為瀑布（Waterfall）和 USDP 等「重量級」流程提供了另一種選擇。

距離《敏捷宣言》的出版已經有十八個年頭了。對大多數現今的開發人員來說，它跟古老的歷史沒什麼兩樣。因此，你對敏捷開發的理解，可能與發起者的意圖並不一致。

本書的目的是要澄清事實。本書提供了一個歷史的回顧鏡頭，讓我們可以更全面、更準確地檢視敏捷開發。Uncle Bob 是我見過最聰明的人之一，他對程式設計有無限的熱情。如果有人能夠揭開敏捷開發的神秘面紗，那就是他了。

Jerry Fitzpatrick
Software Renovation Corporation
2019 年 3 月

譯者序

翻譯這本書的時候，因為「第 1 章」的註腳而看完了電影《公主新娘》（The Princess Bride）（1987），最初的動機真的只是為了聽聽「Inconceivable!」這個字的音調。反派之一 Vizzini 在電影中說了至少 5 次「Inconceivable!」，原本跟在 Vizzini 身邊（最後跟男主角合作）的劍客 Inigo Montoya 終於忍無可忍，回了他一句「You keep using that word. I do not think it means what you think it means.」，直譯就是「你一直在說那個字。我認為它並不是你認為的那個意思。」

仔細想想，這跟 Uncle Bob 書寫這本書的動機和心境是類似的。當今許多人口中所謂的「敏捷」（Agile），真的是「敏捷」嗎？抑或只是「我們所想像的那個意思」？當我們說我們做的是「敏捷」開發時，真的是「敏捷」開發嗎？還是「我們自以為明白的涵義」？

這本書講述的不僅是「敏捷」的歷史，更多的是追尋「敏捷」根本、重拾「敏捷」初衷的心願。翻譯這本書的過程就像走進軟體開發的時光隧道，這也是為什麼在替這本名家名著編號的時候，我們思考了許久。編號 00、01、02、03 都是 Uncle Bob 的著作，為了整體連貫性（也可以說是視覺上的潔癖、收藏方的強迫症 XD），我們捨棄了將這本書編號為二十幾號的想法，將本書編號為 000，因為這正是代表「追本溯源」、「重新開始」的天使數字。

本書由陳錦輝總編輯與我共同翻譯，再經魏聲圩副總編輯細心修潤與審校，為博碩文化名家名著團隊傾心編譯合力完成之作，希望讀者會喜歡。

盧國鳳

博碩文化　名家名著編輯團隊

編輯審校序

當總編把這本書交給我的時候，深感責任重大。先前 Uncle Bob 的個人著作，都是由總編親自操刀，但這次他卻只是負責翻譯部分內容，讓我實在有些神經緊繃。要知道，Clean Code 叢書是開啟博碩名家名著系列的重要關鍵，許多讀者都在引領期盼 Uncle Bob 下一本中譯書什麼時候上市，因此在製作的時候為了不讓廣大的讀者們失望都特別謹慎小心，如果仍有疏漏之處，還請讀者們見諒並給予指教。

Uncle Bob 在本書以較為輕鬆的口吻和讀者們講述《敏捷宣言》發布的緣起和過程，宛如大師親臨，和各位閒話家常。他一向是個擅長說故事的人，相信讀者都能從中學到最去蕪存菁、最原汁原味的敏捷。當然 Uncle Bob 這麼做，很容易就猜想得出其緣由必定是有許多人誤解敏捷、誤用敏捷，甚至濫用敏捷。相信各位讀者當中必定有許多人也曾聽聞在工作上發生慘不忍睹的「敏捷車禍現場」。像是站立會議演變成長達二十分鐘的個人心情抒發、無視於穀倉效應、不斷在最後一刻變更需求等等。

敏捷是一種利用小型目標、簡潔設計、回饋驅動、全員一體的專案管理藝術。這些做法有一個共同的特性，那就是敏捷的重點在於「敏」而不在於捷，「捷」只是它的附加價值。亦即一味的求快並不是敏捷的訴求，而是讓自己敏銳地發覺出問題了，機警地快速解決。把方法做對了，你的速度自然就快了。Uncle Bob 也在本書特別強調，敏捷並不是衝刺，反而更像是一場馬拉松。

名家名著一直是博碩的熱門系列，每次只要一上市，不管主題是什麼一定都會受到讀者矚目而有亮眼成績。編輯團隊更不時收到幾位熱情粉絲分享名家名著系列全書的收藏照片，使得名家名著編輯團隊深感責任重大，提醒自己要製作更精良的書籍來回饋讀者。我們會試著持續擦亮名家名著這塊金字招牌，也希望大家能夠看到我們的努力。

魏聲圩

博碩文化　名家名著編輯團隊

序

本書並不是一本研究著作，我並沒有嚴謹地審閱所有的文獻。你即將要看到的，是我個人的「回憶」、「觀察」，以及我這二十年來使用敏捷的「看法」──僅此而已，除此之外沒別的。

我的寫作風格是「談話式」和「口語化」，所以有時候我的用字遣詞會有點粗俗。雖然我不是那種喜歡講粗話的人，但有一個（稍微修飾過的）不雅字眼還是出現在書中，因為我想不到有任何更好的方式，可以用來傳達我想表達的意思。

對了，這本書可不是完全在自吹自擂。一旦覺得有必要，我會引用一些參考資料供你去參照。我還會盡量和敏捷社群裡的人核對一些事實。我甚至要求其中幾個人，在他們所屬章節中分別提供補充資訊和反對意見。不過，你還是不應該把這本書看作是一本學術著作。把它當成回憶錄可能會更好一些 ── 一個脾氣乖戾的老頭，一邊發著牢騷、一邊叫那些標新立異的敏捷小鬼們滾出他的草坪。

本書適合程式設計師，也適合非程式設計師。它不是技術性的，這本書裡面沒有任何程式碼。它的目的，僅是概述「敏捷軟體開發」的初衷，而無需深入了解程式設計、測試或管理等技術細節。

這是一本小書，因為所要論述的主題並不大。敏捷是一個小小的觀念，關於小型程式設計團隊做小事情時會遇到的小問題。敏捷**並不是**一個關於大型程式設計團隊做大事情會遇到大問題的巨大概念。只不過有些諷刺的是，這個小問題的「小小解決方案」剛好有一個名字。畢竟在 1950 和 1960 年代，幾乎與軟體發明的同一時間，這個小問題就解決了。在那段日子裡，小型軟體團隊在做小事情的時候，往往表現得很好。然而到了 1970 年代，小型軟體團隊在做小事情時，所有人卻都陷入了「意識型態的困境」，只因他們認為自己應該成為一個大團隊來幹大事。

難道我們不應該成為大團隊來幹大事嗎？絕對不行！大團隊無法完成大事，必須由許多小團隊合作完成許多小事，才能夠完成大事。這是 1950 和 1960 年代的程式設計師自然而然就知道的事，然而卻在 1970 年代被遺忘了。

為什麼會被遺忘呢？我懷疑是因為斷層（discontinuity）。1970 年代，世界各地的程式設計師數量開始爆增。在這之前，全世界只有幾千名程式設計師。之後，卻有成千上萬個。現在這個數字已接近一億。

那些 1950 和 1960 年代的第一批程式設計師並非年輕人。他們在 1930、1940 和 1950 年代開始程式設計。到了 1970 年代，當程式設計師的人口開始激增時，那些老人才正要退休。所以「必要的訓練」從未發生過。一群不可一世的 20 多歲年輕人正要進入就業市場，同一時間，另一群經驗豐富的人們卻開始離開，而他們的經驗並沒有得到有效的轉移。

有人會說，這個事件在程式設計的歷史上開啟了一段黑暗時代。三十年來，我們一直在努力，企圖想以「大團隊」成就「大事情」，卻從不知道，秘訣其實是與「很多小團隊」做「很多小事情」。

然後到了 1990 年代中期，我們開始意識到我們失去了什麼。「小團隊」的概念開始萌芽、茁壯。這個想法開始在軟體開發人員的社群裡傳播開來，凝聚成一股力量。時間來到 2000 年，我們意識到我們需要對整個行業進行重啟（reboot）。我們需要有人提醒，那些前輩本能就知道的事。我們需要再一次地意識到，「大事情」必須是由「許多個小團隊」共同合作「許多個小事情」，才得以完成。

為了協助推廣這個想法，我們替它取了一個名字。我們稱之為「敏捷」（Agile）。

我在 2019 年的第一天寫了這篇序言。自 2000 年的重啟以來，已過了近二十年，在我看來，是時候再來一次重啟了。為什麼呢？因為敏捷「簡單而微小的觀念」在這幾年間變得非常混亂。它與 Lean、Kanban、LeSS、SAFe、Modern、Skilled 以及其他許多概念混淆在一起。這些想法並不壞，但它們並非最初的敏捷思想。

所以現在是時候了。讓我們喚回前輩在 1950 和 1960 年代所知道的「本能」，以及在 2000 年重新學到的東西。現在，該是還原敏捷真實面貌的時候了。

在這本書中，你不會發現任何特別新的東西，也沒有什麼特別令人驚豔或驚嚇，也沒有任何革命性的突破。你會發現，本書是對 2000 年的敏捷重述，不過是從不同的角度。在過去的二十年間，我們也學到了一些東西，這些我都會包括進來。但整體來說，本書寫的是 2001 年的思想，也是 1950 年的思想。

它是一種古老的傳承，也是一種真理。這種思想為小型軟體團隊做小事情所遇到的小問題，提供了一個「小小的解決方案」。

致謝

我首先要感謝的，是兩位無所畏懼的程式設計師：Ward Cunningham 和 Kent Beck。他們樂於發現（或重新拾回）這裡討論的所有做法。

接下來是 Martin Fowler，若沒有他在最初時期的堅定領導，敏捷革命可能早已胎死腹中。

特別感謝 Ken Schwaber，感謝他為了提倡敏捷和採用敏捷，付出了不屈不撓的精神。

也特別感謝 Mary Poppendieck，感謝她為敏捷運動所做的無私付出，以及她孜孜不倦地領導 Agile Alliance（敏捷聯盟）。

在我看來，Ron Jeffries 透過他的演講、文章、部落格，以及他恆久溫暖的人格特質，為早期敏捷運動的良知（conscience）樹立了典範。

Mike Beedle 為敏捷打過美好的一仗，但卻在芝加哥的街頭，被一個無家可歸的人沒來由的殺害了。

《敏捷宣言》（Agile Manifesto）的其他原創者們，也在我的感謝名單之中：

Arie van Bennekum、Alistair Cockburn、James Grenning、Jim Highsmith、Andrew Hunt、 Jon Kern、Brian Marick、Steve Mellor、Jeff Sutherland 以及 Dave Thomas。

感謝 Jim Newkirk，我當時的朋友兼事業夥伴。他孜孜不倦地支持敏捷，同時忍受絕大多數人（當然包括我）無法想像的個人逆境。

接下來，我想提一下在 Object Mentor 工作的人們。他們都承擔了採用和推廣敏捷的初期風險。其中有許多人都在下面的照片裡面，這是 XP Immersion 首次課程開始的時候拍攝的。

後排：Ron Jeffries、作者我本人、Brian Button、Lowell Lindstrom、Kent Beck、Micah Martin、Angelique Martin、Susan Rosso、James Grenning。

前排：David Farber、Eric Meade、Mike Hill、Chris Biegay、Alan Francis、Jennifer Kohnke、 Talisha Jefferson、Pascal Roy。

不在照片當中：Tim Ottinger、Jeff Langr、Bob Koss、Jim Newkirk、Michael Feathers、Dean Wampler，以及 David Chelimsky。

我還要感謝那些聚集在一起並組織成為 Agile Alliance（敏捷聯盟）的人們。其中一些人在下方的照片中，這是（如今已地位崇高的）敏捷聯盟，於第一次會議開始的時候拍攝的。

從左到右：Mary Poppendieck、Ken Schwaber、作者我本人、Mike Beedle、Jim Highsmith（Ron Crocker 不在照片裡面。）

最後，謝謝所有 Pearson 出版社同仁，特別是出版社窗口 Julie Phifer。

About the Author

關於作者

Robert C. Martin（Uncle Bob）1970 年就開始了他的程式設計師生涯。他是 cleancoders.com 的共同創辦人，該網站為軟體開發人員提供線上影片訓練課程。他也是 Uncle Bob Consulting LLC 的創辦人，為世界各地的大型企業提供軟體顧問、訓練以及技術開發等服務。他曾是一間芝加哥顧問公司 8th Light 的軟體工藝大師（Master Craftsman）。

他在各種國際期刊上發表過數十篇文章，並經常在國際會議與展覽會上發表演說。他還是 cleancoders.com 網站上一系列教育影片的創作者，這些影片廣受好評。他出版及審校了多本書籍，包括：

- *Designing Object-Oriented C++ Applications Using the Booch Method*

- *Patterns Languages of Program Design 3*

- *More C++ Gems*

- *Extreme Programming in Practice*

- *Agile Software Development: Principles, Patterns, and Practices*

- *UML for Java Programmers*

- *Clean Code*（《無瑕的程式碼 —— 敏捷軟體開發技巧守則》，繁體中文版由博碩文化出版）

- *The Clean Coder*（《無瑕的程式碼 —— 番外篇 —— 專業程式設計師的生存之道》，繁體中文版由博碩文化出版）

- *Clean Architecture*（《無瑕的程式碼 —— 整潔的軟體設計與架構篇》，繁體中文版由博碩文化出版）

- *Clean Agile*（本書）

身為軟體開發業界的領導者，Uncle Bob 曾在 *C++ Report* 當了三年的總編輯。他也是 Agile Alliance（敏捷聯盟）的第一任主席。

目錄

第 1 章

敏捷簡介

2001 年 2 月，17 位軟體專家齊聚在猶他州的雪鳥渡假村（Snowbird, Utah），討論軟體開發的悲慘狀態。當時，大多數軟體都是使用無效率的、重量級的、步驟眾多的程序所建立的，例如瀑布方法或像統一軟體開發程序（RUP）那樣，有著過度繁複的實例。這 17 位專家的目標是發起一個宣言來引入更有效率、更輕量級的方法。

這絕對不是件容易的事。要知道，這 17 位軟體專家，都是各自擁有豐富經驗，且抱持強烈不同觀點的人。期待這樣的一群人能夠成功達成共識，機率確實挺小的。然而，在克服重重困難之後，他們最終還是達成共識並寫下《敏捷宣言》（Agile Manifesto），於是乎，軟體領域其中一個最有影響力也最長壽的運動，就此誕生。

軟體領域中的變革運動（movement）皆是有跡可循的。剛開始的時候，會有少數的熱情支持者，當然也有另外一些少數的激昂反對者，還有絕大多數抱著事不關己心態的人們。許多變革運動在那個階段就已告終，或者甚至永遠不會離開那個階段。回顧一下，剖面導向程式設計（aspect-oriented programming）、邏輯程式設計（logic programming）或 CRC 卡的境遇，皆是如此。不過還是有些跨越了那道坎，變成非常受歡迎的變革運動，當然這些變革運動也都引發不少爭議。有些變革運動甚至會設法拋開爭議，真正成為主流思維的一份子。物件導向（Object Orientation，OO）就是後者的一個例子，敏捷（Agile）也是。

不幸的是，一旦某個變革運動開始流行起來，這個變革運動的名義就會因為被誤解和被僭越而日益模糊。與該變革運動實際上毫無關係的產品和方法，會假借該名義的高人氣和重要性來蹭熱度。敏捷就遇到了這種情況。

在「雪鳥渡假村聚會」的近二十年後，我寫了這本書，目的就是為了釐清事實。在這本書中，我不說廢話也不打算含糊帶過，會試圖盡可能保持務實的態度來描述敏捷。

本書呈現的，將是敏捷的基石（fundamentals）。許多人裝飾並擴展了這些想法 —— 這並無不妥。但這些擴展（extensions）和裝飾（embellishments）並不是敏捷。它們是「敏捷」加上「其他的東西」。你將在這裡讀到的，就只有「敏捷是什麼」（what Agile is）、「敏捷曾經是什麼」（what Agile was），以及「敏捷不可避免地將永遠是什麼」（what Agile will inevitably always be）。

敏捷的歷史

敏捷是從什麼時候開始的呢？大概是在 5 萬多年以前，人類首次為了一個共同目標而決定攜手合作的時候吧。在過程中選擇「小型的中間目標」，並在每次目標達成之後測量進度（measuring the progress）的想法簡直太符合直覺、太符合人性，根本稱不上是任何一種革命（revolution）。

而現代工業的敏捷又是從什麼時候開始呢？這很難說。我想到第一部蒸汽引擎、第一部碾磨機、第一部內燃機和第一架飛機，都使用了我們現在稱之為「敏捷」的技術。因為使用「小小的測量步驟」是再自然不過的，也是最符合人性的選擇，不會有任何其他可能的選項。

那麼軟體中的「敏捷」，又是從什麼時候開始的呢？我多麼希望，Alan Turing（艾倫·圖靈）在撰寫他那篇 1936 年的論文時[1]，我就是他牆壁上的那隻蒼蠅（編按：意指以盡量不打擾的方式記錄並見證歷史）。我猜，他書中所寫的許多程式（programs）都是使用「小步驟」，並搭配許多桌上檢查（desk checking）來

---

[1] Turing, A. M. 1936. On computable numbers, with an application to the Entscheidungsproblem [proof]. Proceedings of the London Mathematical Society, 2 (published 1937), 42(1):230–65. 理解這篇論文的最好方法，就是閱讀 Charles Petzold 的傑作：Petzold, C. 2008. The Annotated Turing: A Guided Tour through Alan Turing's Historic Paper on Computability and the Turing Machine. Indianapolis, IN: Wiley.

開發的。我也想像,他在 1946 年為 ACE(Automatic Computing Engine,自動計算引擎)編寫的第一份程式碼,也是使用「小步驟」和大量的「桌上檢查」,甚至還搭配了許多真實的測試(real testing),才得以完成。

早年的軟體充滿了各式各樣「我們現今可稱之為敏捷」的行為範例。舉例來說,替水星計畫太空艙(Mercury space capsule)編寫「控制軟體」的程式設計師,就是以「半天的步驟」(half-day steps)這樣的方式來工作的,而這些步驟則穿插了許多單元測試。

還有更多其他的文件也描述了這段時期。Craig Larman 和 Vic Basili 寫了一段歷史,並在 Ward Cunningham 的 wiki 當中放了一段摘要[2];在 Larman 的書《*Agile & Iterative Development: A Manager's Guide*》[3] 中也同樣提及這段時期。

但敏捷並非唯一的選擇。事實上,還有另外一種和它媲美的方法,它在整個製造業和工業當中取得了相當大的成功:它就是科學管理(Scientific Management)。

科學管理是一種「由上而下」的命令與控制方法(command-and-control approach)。管理人員使用科學技術來確定「如何達成目標」的最佳程序,然後他們指揮所有的下屬一絲不苟地遵循他們的計畫。換句話說,這種方法會有一個很大的前期計畫,接下來則是嚴謹的詳細實作。

---

[2] Ward 的 wiki,即 c2.com,是最早的 wiki,也是第一個出現在網路上的 wiki。希望它能長長久久地繼續提供服務。

[3] Larman, C. 2004. Agile & Iterative Development: A Manager's Guide. Boston, MA: Addison-Wesley.

科學管理可能與金字塔、巨石陣或古代任何一項偉大工程一樣古老，因為沒有人會相信，在沒有科學管理的情境下，人類有辦法創造出這些傑出的作品。就如先前所說，不斷重覆一個成功的程序，這樣的想法太符合直覺、太符合人性，所以沒有人將之視為一種革命。

科學管理的命名來自 1880 年代 Frederick Winslow Taylor 的著作。Taylor 將這種方法正規化與商業化，並以「管理顧問」的身分累積了一些財富。這項技術非常成功，在隨後的幾十年裡，效率和生產力都大幅提升。

因此在 1970 年，軟體世界正處於這兩種競爭技術的十字路口。Pre-Agile（敏捷的前身，即在「敏捷」還沒有被正式稱為「敏捷」之前）採取了簡短的反應步驟，這些步驟進行了量測和改進，以便在定向隨機前進（directed random walk）中，朝著良好的結果蹣跚前進。「科學管理」則是將行動推遲到建立了「透徹的分析」與「由此而生的詳細計畫」之後，才開始行動。Pre-Agile 適合那些改變時付出較低代價的專案，它可以透過「非正式指定的目標」的方式來解決那些「只部分定義的問題」。科學管理則最適合那些改變時要付出高額代價的專案，它可以透過「具體指定的目標」的方式來解決那些「定義非常明確的問題」。

問題是，什麼樣的專案才算是軟體專案呢？軟體專案究竟是「改變時要付出高額代價」且「具體指定的明確目標」？還是「改變時付出較低代價」且「只部分定義的非正式目標」？

別太在意上面那一段。據我所知，實際上沒有人會問這個問題。諷刺的是，我們在 1970 年代所選擇的道路，似乎只是出於偶然（accident），而非有意（intent）。

1970 年，Winston Royce 寫了一篇論文[4]，這篇論文描述了他在管理大型軟體專案時的諸多想法。該論文包含一張圖表（圖 1.1），用來描繪他的計畫。Royce 並非這張圖表的原創者，他也沒有打算認真宣揚這個計畫。事實上，這張圖表不過就是一個設計好的負面教材，好讓他可以在論文的後續幾頁中將它推翻。

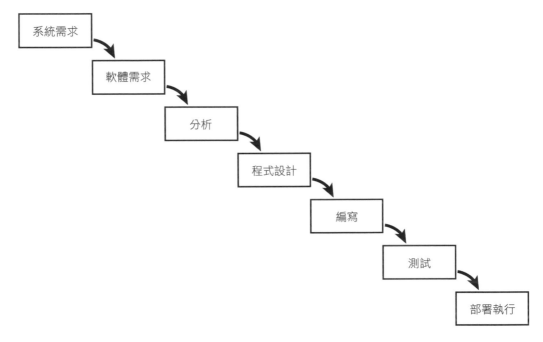

圖 1.1 Winston Royce 的圖表；正是這張圖表啟發了瀑布式開發（Waterfall development）

儘管如此，由於這張圖表被擺在顯眼的位置，以及人們傾向於從第一頁或第二頁的圖表來推斷論文的內容，結果卻為整個軟體產業帶來了戲劇性的轉變。

---

[4] Royce, W. W. 1970. Managing the development of large software systems. Proceedings, IEEE WESCON, August: 1–9. 閱讀全文：http://www-scf.usc.edu/~csci201/lectures/Lecture11/royce1970.pdf。

Royce 的原始圖表看起來就像是水沿著一連串的岩石往下流動，該技術也因此被稱之為「瀑布」（Waterfall）。

瀑布在邏輯上是科學管理的後代。所要做的就是進行透徹的分析、制定詳細的計畫，然後就是執行該計畫，直到完成為止。

即使這不是 Royce 所建議的，但那仍是人們從他的論文中取出的概念。在接下來的三十年間，它佔據了主導地位[5]。

現在，是我在這個故事中登場的時候了。1970 年，那年我 18 歲，在伊利諾伊州 Lake Bluff 一家名為 A. S. C. Tabulating 的公司擔任程式設計師。該公司擁有一台具有 16K 核心記憶體的 IBM 360/30 機器、一台具有 64K 核心記憶體的 IBM 360/40 機器，以及一台具有 64K 核心記憶體的 Varian 620/f 小型電腦（minicomputer）。我在兩台 360 機器上，使用 COBOL、PL/1、Fortran 和組譯器編寫程式。對於 620/f 迷你電腦，我只寫了一個該機器上的組譯器。

此時各位必須要能體會在那個年代，身為一位程式設計師是什麼樣的感覺。我們用鉛筆在編碼表格（coding forms）上編寫程式，然後將它交給打孔操作員（keypunch operators）幫我們把程式碼打在卡片上。我們將精心檢查過的卡片交給了電腦操作人員，然後他們會在上夜班時進行編譯和測試，因為白天電腦必須用在真實的工作上。從「最初的編寫」到「第一次編譯」通常需要好幾天的時間，之後每一次來回修改所需要的時間（turnaround）通常都是一天。

620/f 對我來說有點不太一樣。這部機器是我們團隊專用的，因此我們全天候可以隨時使用它。每天我們可以獲得兩次、三次甚至四次來回時間（turnarounds）

---

[5] 　要請讀者們注意的是，我對於這個時程表的解釋在以下這本書的第七章裡受到了挑戰：Chapter 7 of Bossavit, L. 2012. The Leprechauns of Software Engineering: How Folklore Turns into Fact and What to Do About It. Leanpub.

和測試的機會。我所處的團隊是由一群會打字的程式設計師組成的,而當時的程式設計師並非每一位都會打字(type)。因此,我們會鍵打出屬於我們自己的一疊卡片,而不是將此工作交給捉摸不定的打孔操作員來完成。

在那段日子裡,我們使用的是什麼程序(process)?當然不是瀑布。我們對於遵循詳細計畫並無概念。我們只是日復一日地使用著我們的特殊方式,也就是編譯、測試我們的程式碼並修正 bug。這是一個毫無結構可言的無限循環。它不Agile,甚至也不 Pre-Agile。我們的工作方式毫無紀律可言。沒有測試套件,也沒有量測的時間間隔。只是日復一日、月復一月地進行寫程式然後修復 bug、寫程式然後修復 bug……。

大概在 1972 年左右,我第一次在商業期刊上讀到有關瀑布方法的資訊。對我來說,這就像是天降甘霖。我們是否真有可能「預先分析問題」、然後「設計該問題的解決方案」,然後再「實作該設計」嗎?我們真的可以根據這三個階段制定時程表嗎?當我們完成分析後,我們是否就真的完成了專案的三分之一?我感受到這個概念的力量。我想要相信它。因為如果它真的有用,那就得償所願了。

顯然我並不孤單,因為許多程式設計師和程式設計公司也迷上了(caught the bug)這個方法。於是乎,正如我之前說的,瀑布方法開始主導了我們的思考方向。

僅管它強勢主導,但它沒有效果。在接下來的三十年內,我、我的同事,以及世界各地的程式設計兄弟姐妹們,一直在嘗試、嘗試、再嘗試,試圖徹底搞懂該怎麼做,「分析」和「設計」才會是正確的。但每當我們以為我們把它做對的時候,它就會在實作階段又溜掉了。然而,在管理人員與客戶怒目圓睜的注視下、在延到不能再延的 deadline 步步逼近之時,不可避免的最後衝刺使得我們之前花費幾個月所做的精心計畫,又變得是可以犧牲的了。

儘管每次都是失敗、失敗、沒完沒了的失敗，但我們仍堅持採用瀑布的思維模式。畢竟，這怎麼可能失敗？徹底分析問題、精心設計解決方案，然後實作該設計，怎麼會失敗呢？而且還是一次又一次地失敗，敗得如此徹底？說是策略本身出了問題，但這真是令人不敢相信啊（It was inconceivable[6]）。問題肯定出在我們身上，一定是我們哪裡做錯了。

從當時的程式語言就可以看得出來，瀑布思維支配著我們到怎樣的程度。當 Dijkstra 在 1968 年提出結構化程式設計時，結構化分析（Structured Analysis[7]）和結構化設計（Structured Design[8]）緊追在後。1988 年，當物件導向程式設計（Object-Oriented Programming，OOP）開始流行時，物件導向分析（Object-Oriented Analysis[9]）及物件導向設計（Object-Oriented Design，OOD[10]）也跟隨而來。這種三重迷因[(譯註)]、這種特殊的三方並行局面使我們深陷其中、無法跳脫。我們根本想不出其他不同的工作方式。

然後突然間，我們想到可以怎麼做。

---

[6] 去看一下電影《公主新娘》（The Princess Bride）（1987）這部電影，聽聽 inconceivable 這個字的音調的抑揚頓挫（inflection）。
（譯註：「Inconceivable!」是電影《公主新娘》的著名台詞。反派唸這個字的時候，發音有一些些咬字不清（即大舌頭、臭乳呆），語氣和表情還有點誇張。）

[7] DeMarco, T. 1979. Structured Analysis and System Specification. Upper Saddle River, NJ: Yourdon Press.

[8] Page-Jones, M. 1980. The Practical Guide to Structured Systems Design. Englewood Cliffs, NJ: Yourdon Press.

[9] Coad, P., and E. Yourdon. 1990. Object-Oriented Analysis. Englewood Cliffs, NJ: Yourdon Press.

[10] Booch, G. 1991. Object Oriented Design with Applications. Redwood City, CA: Benjamin-Cummings Publishing Co.

譯註：相對於基因是用來解釋自然進化和生存，那麼迷因（meme）就是用來解釋文化進化和生存。

敏捷改革始於 1980 年代末或 1990 年代初。Smalltalk 社群在 1980 年代開始出現這種跡象。Booch 在 1991 年出版的有關 OOD 的書中有一些暗示 [10]。1991 年，Cockburn 的水晶方法（Crystal Methods）當中出現了關於這個問題的更多解答。1994 年，在 James Coplien 的論文的鼓舞之下[11]，設計模式社群（Design Patterns community）開始討論它。

時間來到 1995 年，Beedle[12]、Devos、Sharon、Schwaber 和 Sutherland 寫下了關於 Scrum 的著名論文[13]。從此水道閘門被打開了。瀑布的堡壘開了一道破口，再也回不去了。

是的，這是我再次登場於這個故事的時候。接下來的事，都是根據我的記憶寫下的，不過我並未嘗試與其他參與者核對是否確實。因此，你可以預期我的回憶會有許多遺漏，也會包含許多廣為流傳的軼事，總之會有很多失真。但你不必對此感到驚慌，至少我會讓它讀起來很有趣。

我第一次見到 Kent Beck 是在 1994 年的 PLOP 會議上[14]，Coplien 的論文就是在這裡發布的。這是一次偶然的會面，沒有太多收穫。1999 年 2 月，我在慕尼黑的 OOP 會議上又遇到了他，那次我對他就有比較多的了解。

---

[11] Coplien, J. O. 1995. A generative development-process pattern language. Pattern Languages of Program Design. Reading, MA: Addison-Wesley, p. 183.

[12] 2018 年 3 月 23 日，Mike Beedle 在芝加哥被一名患有精神疾病的流浪漢殺害了。在此之前，該名男子曾被逮捕、釋放高達 99 次。他老早就應該關進精神病院接受治療。Mike Beedle 是我的好友。

[13] Beedle, M., M. Devos, Y. Sharon, K. Schwaber, and J. Sutherland. SCRUM: An extension pattern language for hyperproductive software development.
閱讀全文：http://jeffsutherland.org/scrum/scrum_plop.pdf。

[14] PLOP（Pattern Languages of Programs，程式的模式語言）是 1990 年代，在伊利諾伊大學附近舉行的一次會議。（譯註：這是 PLOP 研討會的網址：https://www.hillside.net/plop/。）

當時我是一名 C++ 和 OOD 顧問,常常飛往各地幫助人們使用 OOD 技術,以 C++ 設計和實作應用程式。我的客戶開始向我詢問與程序(process)相關的問題。他們聽說「瀑布」並未與「OO」混合起來使用,而他們想要聽聽我的建議。我同意[15]OO 和瀑布可以混合,我本人對此也有很多想法。我甚至認為我可以寫出一個我自己的 OO 程序。幸運的是,我很早就放棄了這麼做,因為我偶然發現 Kent Beck 關於極限程式設計(XP)的著作。

對於 XP,我讀得越多,就越為之著迷。這些想法是革命性的(我當時是這麼認為)。它們是有道理的,特別是在 OO 的情境中(同樣地,我當時是這麼想的)。所以我渴望了解更多。

令我驚訝的是,在慕尼黑舉行的 OOP 會議上,我發現自己就在 Kent Beck 對面越過大廳的地方教學。我在休息時間碰到了他,我對他說,我們應該在午餐時間討論一下 XP。那頓午餐為日後這段重要的伙伴關係奠定了基礎。我與他的討論,讓我之後又飛到他位於俄勒岡州 Medford 的家中,和他一起設計一套關於 XP 的課程。那次的拜訪,讓我第一次嚐到了測試驅動開發(Test-Driven Development,TDD)的滋味,我徹底迷上了 TDD。

當時我正在經營一家名叫 Object Mentor 的公司。我們與 Kent 合作,提供了一套關於 XP 的五天訓練營課程,我們稱之為「XP Immersion」。從 1999 年底到 2001 年 9 月 11 日[16],這個課程大受歡迎!我們訓練了上百人。

---

[15] 每隔一段時間總會發生令人匪夷所思的事情,這是其中之一。OO 本身並沒有什麼特別之處,使它不能與瀑布混合在一起,只能說在那個年代很流行討論這個議題。

[16] 這個日期的重要性不該被遺忘。

2000 年夏天，Kent 邀請了來自 XP 和 Patterns 社群的人們，參加在他家附近舉行的會議。他稱之為「XP 領導者」（XP Leadership）會議。我們在 Rogue River 上划船，也在 Rogue River 河岸邊健行。然後我們面對面地決定了我們要為 XP 做什麼事。

其中一個想法是，建立一個以 XP 為題的非營利組織。對此我表示贊同，但有許多人並不這麼認為。他們曾建立一個設計模式（Design Patterns）的相關組織，但顯然有過不好的經驗。我離開會議時，感到非常沮喪，但 Martin Fowler 跟在我後頭，他建議我們之後可以在芝加哥碰面聊一聊。我同意了。

所以 2000 年的秋天，Martin 和我在他工作的 ThoughtWorks 辦公室附近的一間咖啡館碰面。我向他描述了我的想法，亦即讓所有相互競爭的「輕量級程序擁護者」聚集在一起，讓大家一起發表一個統一的宣言。在邀請名單的部分，Martin 提出了幾項建議，然後我們合作撰寫了邀請函。那天稍晚，我將它寄出，主旨是「輕量級程序高峰會」（Light Weight Process Summit）。

其中一位受邀者是 Alistair Cockburn。他打電話給我，說他正準備召集一場類似的會議，但他更滿意我們的邀請名單。他說，如果我們同意在鹽湖城附近的「雪鳥滑雪勝地」舉行會議的話，他提議將他的名單與我們的名單合併，他還會盡力促使會議能夠成功召開。

於是，「雪鳥」會議就這麼敲定了。

雪鳥

這麼多人同意露面，我感到非常驚訝。我的意思是，誰真的想參加名為「輕量級程序高峰會」的會議？但我們都來到了這裡，登高齊聚在雪鳥小屋的 Aspen 房間裡面。

我們一共有 17 個人。在那之後，我們就一直被批評是「17 個中年白人男子」。
這種指摘在某種程度上是有道理的。但是，當時至少有一位女性（Agneta
Jacobson）受邀，只是不克參與。而話又說回來，當時世界上的資深程式設計師，
絕大多數都是中年白人男性──至於為何如此，這就是另一個時代的故事，也
是另一本不同書籍的主題了。

這 17 個人分別代表許多不同的觀點，包括 5 個不同的輕量級程序。這其中最大
的組別是 XP 團隊，包含：Kent Beck、我自己、James Grenning、Ward Cunningham
和 Ron Jeffries。接下來是 Scrum 團隊：Ken Schwaber、Mike Beedle 和 Jeff
Sutherland。Jon Kern 代表「功能驅動開發」（Feature-Driven Development）參
加；Arie van Bennekum 則代表「動態系統開發方法」（DSDM）參與。最後，
Alistair Cockburn 代表了他自己的「水晶系列程序」（Crystal family of
processes）。

其他人則相對自成一家。例如 Andy Hunt 和 Dave Thomas 是《*Pragmatic
Programmers*》這本書的兩位作者[譯註]。Brian Marick 是一位測試顧問。Jim
Highsmith 是一位軟體管理顧問。Steve Mellor 光是坐在那裡就能讓我們不敢胡
言妄語，因為他代表的是整個模型驅動的哲學思維（Model-Driven philosophy）。
在這個思維體系面前，我們所有人的方法都看來破綻百出。最後一個是 Martin
Fowler，雖然他與 XP 團隊有著密切的個人關係，但他對於任何一種有名號的程
序（branded process）都保持著懷疑態度，但同時也對它們表示支持。

譯註：他們也是 The Pragmatic Bookshelf 出版社的創辦人。

關於我們相聚在一起的那兩天，其實我記得的並不多。其他參與的人們所記得的，和我的記憶可能會有出入[17]。所以，我只會把我記得的事情說出來，我建議你把它當作是一個 65 歲的老人近二十年歲月的回憶錄。我可能會漏掉一些細節，但大致上應該是正確的。

不知道為什麼，大家一致同意由我來宣布會議開始。我首先感謝所有人的到來。然後，我提議「我們的使命」應該是建立一份宣言，而這份宣言必須能清楚描述所有這些參與的輕量級程序和一般軟體開發的共通點。然後我坐了下來。我認為這是我對會議做出的唯一貢獻。

我們依照標準的做法進行。像是我們在卡片上面寫下議題，然後在地板上，將卡片依關聯性分門別類排好。我真的不知道這是否能有什麼成效。我只記得我做過這樣的事情。

我不記得「神奇的事」（magic）是在第一天還是第二天發生的。在我看來，它是在第一天即將結束的時候顯現的。可能是在「關聯性分組」時，確定了四項價值觀，分別是「個人與互動」（Individuals and Interactions）、「可用的軟體」（Working Software）、「與客戶協作」（Customer Collaboration）和「回應變化」（Responding to Change）。有人在房間前方的白板上寫下了這些，然後突然靈光一閃，說這些價值應該是首選，但不能取代程序（流程）、工具、文件、合約和計畫的附加價值。

---

[17] 最近《大西洋》雜誌（The Atlantic）上有一篇文章，講述了這一段歷史，這篇文章是由 Caroline Mimbs Nyce 在 2017 年 12 月 8 日所發表的《*The Winter Getaway That Turned the Software World Upside Down*》（標題的中譯是：《那一年，使整個軟體世界天翻地覆的「冬季出走」》）。讀者可以到這裡閱讀全文：https://www.theatlantic.com/technology/archive/2017/12/agile-manifesto-a-history/547715/。在撰寫這本書時，我還沒有讀過那篇文章，因為我不希望它干擾了我在這裡書寫的回憶。

這就是《敏捷宣言》的核心理念，但似乎沒有人清楚記得「誰」才是「第一個」把它寫上白板的。我依稀記得是 Ward Cunningham。但 Ward 卻認為是 Martin Fowler。

請看看《敏捷宣言》網站（agilemanifesto.org）的背景照片。Ward 說，他拍下這張照片是為了記錄那一刻。它清楚地顯示出 Martin 站在白板前方，而我們其他人則圍成一圈[18]。這張照片使 Ward 更加堅信，Martin 就是那位提出這個理念的人。

但話又說回來，也許我們永遠都不需要搞清楚真相，才是最好的。

一旦神奇的事發生了，整個團隊便因它而凝聚起來。有一些文字上的修潤，還有一些修改和調整。在我的印象中，是 Ward 寫了前言：『我們藉由身體力行並協助他人的方式，來致力於發掘更優良的軟體開發方法。』我們當中的其他人也做了一些小小的改動和建議，但顯然我們已經完成了。房間裡浮現出「結案」的氣氛。沒有人有異議，也沒有爭論。甚至沒有真正討論過任何的替代方案。就只有這四句話：

- **個人與互動** 重於 流程與工具

- **可用的軟體** 重於 詳盡的文件

- **與客戶合作** 重於 合約協商

- **回應變化** 重於 遵循計畫

---

[18] 眾人在 Martin 周圍環繞了半圈，照片中從左到右依序是 Dave Thomas、Andy Hunt（或者是 Jon Kern）、我本人（你可以透過藍色牛仔褲和我皮帶上 Leatherman 工具鉗認出我來）、Jim Highsmith、某人、Ron Jeffries 和 James Grenning。有個人坐在 Ron 後面，而那個人鞋子旁邊的地板上有一張卡片，那張似乎就是我們用來依關聯性分組而使用的卡片之一。

我剛剛說我們完成了，對吧？感覺上是這樣的。但當然還有很多細節需要釐清。首先，我們已經確定的這個「東西」，我們該怎麼稱呼它才好呢？

Agile（敏捷）這個名字並不是馬上「一蹴即成」（slam dunk），還有許多不同的競爭者。像我喜歡的是「輕量級」（Light Weight）這個名字，但其他人都不喜歡。他們認為這個名字暗示著「微不足道」（inconsequential）。有些人喜歡「適應性」（Adaptive）這個字。當「敏捷」這個字眼出現時，有人評論它是軍方時下的熱門流行用語。最後，雖然沒有人真正喜歡「敏捷」這個名字，但它卻是一堆不好的選擇當中最好的選擇。

在第二天接近尾聲時，Ward 自告奮勇地架設了《敏捷宣言》網站（agilemanifesto. org）。我相信，讓人們在上面簽名也是他的主意。

雪鳥會議之後

接下來的兩個星期並不如在雪鳥的那兩天那樣浪漫或充滿趣事。那兩個星期都是在苦心鑽研 Ward 最終在網站上新增的那些原則性文件。

為了解釋和引導這四種價值觀，我們所有人都同意撰寫這份文件的想法有其必要。畢竟，這四種價值觀是大家都能認同的那種說法，而且不需要改變他們實際的工作方式。這些原則清楚地表明，這四種核心價值觀所能帶來的成果已遠遠超出了「媽媽和蘋果派」（Mom and apple pie）的內涵[譯註]。

譯註：「媽媽」還有「蘋果派」是美國人非常熟悉的兩樣東西，可引申為美國人的核心原則、價值或信仰，有時帶有諷刺意味。根據 wiki 的解釋，這句片語也代表一些「不容質疑的事物」，因為大家普遍都「認同」那些信仰或是價值。請參考 wiki：https://en.wiktionary.org/wiki/mom_and_apple_pie，或 TheFreeDictionary：https://idioms.thefreedictionary.com/motherhood+and+apple+pie。

關於這段時間，我並沒有強烈的回憶，我只記得我們把那份包含原則的文件透過電子郵件來回發送給彼此，並反覆進行修潤。雖然很艱苦，但我想我們都覺得這麼做是值得的。完成了這些，我們都回到各自正常的工作、活動和生活中。我想，我們大多數人都以為故事會就此結束。

我們誰也想不到隨後會有如此熱烈的支持。沒人能預料到這兩天帶來的廣大迴響。但是，為了不讓我自己因為參與這次會議而自命不凡，我不斷提醒自己，Alistair 當時也即將召開類似的會議。這讓我不禁猜想，還有多少人也曾處在「想要召集類似會議」的狀態。我告訴自己「這一切都是因為時機成熟了」。如果我們 17 個人沒有在猶他州的那座山上碰面，其他的一些團體也會在其他地方聚會，並得出類似的結論。

敏捷概述

你該如何管理軟體專案呢？多年來，有很多種方法可以使用 —— 但其中大多數都非常糟糕。對於那些相信「控制軟體專案的命運之神」存在的管理人員而言，希望和祈禱相當受到歡迎。而對於那些沒有這種信仰的人來說，則往往會採用勵志的技巧，比如說，用鞭子啦、鎖鏈啊、滾燙的油，還有人們攀爬岩壁和海鷗飛過海面的照片，來強迫制定完成日期。

這些方法幾乎普遍地導致軟體專案「管理不佳」的常見症狀：儘管開發團隊總是超時工作，卻往往無法準時交付。那些能夠生出產品的團隊，其產品品質之低落，明顯無法滿足客戶的需求。

鐵十字

這些技術之所以會失敗，正是因為使用它們的管理人員不了解軟體專案的基本天性。這種天性限制了所有專案必須遵循一種不容置疑的取捨（trade-off），我

們稱這種「取捨」為專案管理的**鐵十字**（Iron Cross）。好的、快速、便宜、完成：任選三個吧，你無法擁有第四個。你可以有一個好的、快速的、便宜的專案，但它不會是完成的專案。你可以有一個完成的、便宜的和快速的專案，但它不會是好的專案。

現實的情況是，一個好的專案經理能夠明白這四個屬性都有其係數（coefficients）。一個好的管理人員會試圖推動專案，朝著「夠好」、「夠快速」、「夠便宜」且「盡可能多完成一些需求」的方向前進。一個好的管理人員會管理這些屬性的係數，而不是要求全部的係數都做到 100%。「敏捷」努力實現的就是這種管理方式。

此時，我想確認你已經了解「敏捷」其實是一個框架（framework），這個框架可以幫助開發人員和管理人員執行這種「務實」的專案管理。但是，這種管理可不是自動就會執行的，而且也不能保證管理人員會做出適當的決策。事實上，在敏捷的框架中工作，卻仍徹底地管理不當並將專案推向失敗，也完全是有可能發生的。

牆上的圖表

那麼，敏捷該如何幫助這種管理呢？**敏捷提供數據**。一個敏捷開發團隊只負責產生讓管理人員能做出好決策所需的數據。

讓我們看一下圖 1.2。想像一下，它就掛在專案室的牆壁上。這不是很棒嗎？

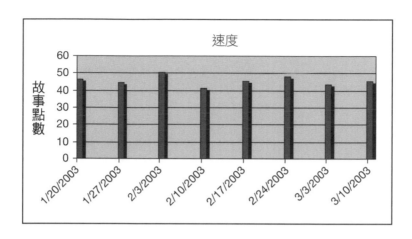

圖 1.2 團隊的速度（The team's velocity）

這張圖表顯示了開發團隊每週所完成的工作量。測量單位是「點」（points）。
我們之後將會討論這些「點」是什麼。但先看看這張圖吧。任何人都可以隨意
地瞥一下該圖表，馬上就能知道「團隊的移動速度」有多快。不需 10 秒鐘就能
看出「平均速度」約為每週 45 點。

任何人，甚至是管理人員本人，都可以預測下星期團隊將會完成大約 45 點。在
接下來的 10 個星期內，他們應該會完成大約 450 點。這樣的表現充滿力量！如
果管理人員和團隊對專案中的點數很有把握，那就更有力量了。事實上，優秀
的敏捷團隊在牆上的「另一個圖表」上也會捕捉這些資訊。

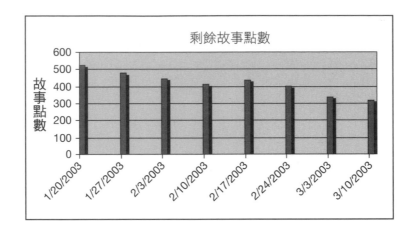

圖 1.3 燃盡圖

圖 1.3 稱之為**燃盡圖**（a burn-down chart）。它顯示了在下一個重要里程碑（milestone）到來之前，還差了多少點。請留意它的下降幅度小於速度圖表中的點數。這是因為在開發過程中會不可避免地陸續發現新的需求和問題。

值得注意的是，燃盡圖的斜率可以預測「何時可以達到里程碑」。幾乎任何人都可以走進那間房間，看看那兩張圖來得出結論，也就是以每週 45 點的速度將在 6 月到達里程碑。

請注意，那張燃盡圖上出了一點小意外。2 月 17 日這週因為某種原因而表現不佳。這可能是由於增加了新特性功能或對需求額外進行了一些重大的修改所導致的。又或者可能是開發人員重新估計剩餘工作的結果。無論是哪種情況，我們都想知道這對於進度的影響，以便可以正確地管理專案。

讓這兩張圖掛在牆上，是敏捷的一個關鍵目標。敏捷軟體開發的動力之一，就是提供管理者所需的數據，以便決定如何在鐵十字上設置係數，並推動專案達到最佳結果。

很多人不同意最後一段的說法。畢竟，《敏捷宣言》中沒有提到圖表，也不是所有敏捷團隊都會使用這些圖表。而且坦白說，其實重要的不是圖表。重要的是數據。

敏捷開發首要的是，它是一種「回饋驅動的方法」（a feedback-driven approach）。每一週、每一天、每一小時甚至每一分鐘，都是透過觀察前一週、前一天、前一個小時和前一分鐘的結果來驅動的，然後進行適當的調整。這適用於個別的程式設計師，也適用於整個團隊的管理。沒有數據，就無法管理專案[19]。

因此，即使你沒有將這兩張圖表掛在牆上，也要確保你把數據擺到了管理人員面前。確保管理人員知道團隊的前進速度以及團隊還有多少事情未完成。並以透明、公開和明顯的方式呈現這些資訊，例如將兩張圖表掛在牆上。

但是，為什麼這些數據如此重要？沒有這些數據，是否還能有效地管理專案？我們嘗試了三十年。結果是這樣的……

你最先知道的事

關於專案，你最先知道的事是什麼？在你知道專案名稱或任何需求之前，有一項數據（data），它早於其他所有的數據——那當然就是「日期」（The Date，專案時程表的日期或時程）。選擇了**日期**之後，**日期**將被凍結（frozen）。嘗試協商**日期**是沒有意義的，因為**日期**的凍結往往是依據對業務有益的考量。如果**日期**定在 9 月，那肯定是因為 9 月有一個貿易展（trade show），或是 9 月有股東大會，或是我們的資金即將在 9 月耗盡。無論原因是什麼，都會是一個很

---

[19] 這與 John Boyd 的 OODA 迴圈（OODA loop）密切相關，在這裡有概述：https://en.wikipedia.org/wiki/OODA_loop。Boyd, J. R. 1987. A Discourse on Winning and Losing. Maxwell Air Force Base, AL: Air University Library, Document No. M-U 43947.

有說服力的**業務**理由，並不會因為一些開發人員認為他們可能無法完成而有任何改變。

與此同時，需求宛如激烈的洪流，永遠不會凍結。這是因為客戶往往不會清楚知道他們想要什麼。他們大概知道「想要**解決**什麼樣的問題」，但要將它轉化為「系統的需求」，卻絕對不是一件容易的事。因此，需求將不斷地被重新評估、被重新思考。一下子增加新功能、一下子刪除舊功能。UI 即使不是每天，也會是每週修改一次。

這就是軟體開發團隊的世界。這是一個「日期」已然凍結但「需求」卻變化萬千的世界。而在這樣的情境之下，開發團隊仍然必須設法將專案「駛向」良好的結果。

會議

瀑布模型給了我們一個承諾，它提供了一個方法號稱可以解決這個難題。為了讓大家理解這是多麼具有魅力、多麼徒勞無功，我需要帶你去開一場「**會議**」（The Meeting）。

這是 5 月的第一天。大老闆把我們通通都叫進會議室裡面。

『我們現在有個新專案，』大老闆說。『這個專案必須在 11 月 1 日完成。我們還沒有拿到任何需求說明。我們會在接下來的幾週之內把需求交給你們。』

『現在，讓你們完成分析，需要多久的時間？』

我們用眼角餘光瞄了彼此一眼，沒有人想要開口。這種問題到底該怎麼回答？我們當中一位小聲地抱怨：『但我們還沒拿到任何需求耶。』

『就假裝你們已經有了啊！』大老闆大聲嚷嚷。『你們都知道這是怎麼一回事。你們都是專業人士。我不需要確切的日期。我只需要有些東西可以放在時程表上。你們記住，如果這需要超過兩個月的時間，那我們還不如放棄這項專案算了。』

『兩個月？』某人的嘴裡嘟嚷出這幾個字，可大老闆卻把這當作肯定的答覆。『太好了！跟我想的一樣。現在，你們要花多久時間來完成設計？』

驚愕的沉默，再一次充斥整個會議室。你在心裡暗自盤算了一下。你首先意識到，現在距離 11 月 1 日，還有六個月的時間，因此這結論很明顯。『兩個月？』你這樣說。

『正是如此！』人老闆報以微笑。『這正是我的想法。這樣的話，還剩下兩個月的時間可以完成實作。謝謝你們參與今天的會議。』

正在閱讀的你們之中，有許多人都曾參與過這場會議。那些沒有去的人，算你好運。

分析階段

所以我們離開了會議室，回到各自的辦公室。那我們現在該做什麼？這是「分析階段」（Analysis Phase）的開始，所以我們必須要進行分析。但這所謂的「分析」到底是什麼？

如果你讀過有關「軟體分析」的書，你會發現「分析」的定義就跟撰寫它們的作者一樣，多如牛毛。至於分析是什麼，並沒有真正的共識。它可能是建立需求的工作分解結構（work breakdown structure）；它可能是對需求的進一步發現和闡述；它可能是底層資料模型、物件模型或其他各種模型的建立。而分析的最佳定義嘛：這是分析師（analysts）在做的事。

當然，有些事情是不言自明的。我們應該確定專案的規模，並進行基本的可行性（feasibility）和人力資源的預測。我們應該確保的是，時程表（schedule）是可以達成的。這是我們工作業務上的最低要求。無論所謂的「分析」到底是什麼，這些都是我們接下來的兩個月要做的事。

這是專案的蜜月階段。每個人都很開心地在網路上閒逛、玩玩股票、與客戶會面、與使用者見面、繪製漂亮的圖表，總之就是充滿快樂的時光。

然後在 7 月 1 日，奇蹟發生了。我們完成了分析。

我們為什麼完成了分析？因為已經是 7 月 1 日了。時程表說，我們應該在 7 月 1 日完成分析，所以我們在 7 月 1 日完成了。為什麼要遲交？

因此我們舉辦了一個小型的派對，有氣球還有演說，來慶祝我們通過了「階段的大門」，並開始進入「設計階段」（Design Phase）。

設計階段

那麼，現在我們該做什麼呢？當然是進行設計。但到底什麼是「設計」（designing）呢？

關於軟體設計，我們會有更多的決策（resolution）。軟體設計是我們將專案拆分為若干「模組」（module），並在這些模組之間設計介面（interface）。軟體設計同時也是思考「我們需要多少個團隊」以及「這些團隊之間應該建立什麼樣的聯繫（connections）」的地方。總而言之，我們被冀望要能改進時程表，以便產生確實可行的實作計畫。

當然在這個階段，事情會發生出乎意料的變化。新的特性功能（feature）會增加、舊的特性功能會被刪除或更改。我們會很想回過頭來「重新分析」這些改變，但時間不夠用。所以我們只是將這些改變硬塞（hack）進設計之中。

然後另一個奇蹟又發生了。9 月 1 日到了，而我們完成了設計。我們為什麼完成了設計？因為已經是 9 月 1 日。時程表載明，我們應該在這時候完成，所以，為什麼要遲交呢？

接著，又是另一個派對、氣球和演說。我們喧譁吵鬧地衝出「這個階段的大門」，進入了實作階段（Implementation Phase）。

如果我們能夠依樣畫葫蘆再「成功」一次，那該有多好。如果我們可以只是「嘴巴說說」我們已經完成了實作，那該有多好。但我們無法這麼做，因為實作這回事，是必須要「實際動手完成」的。分析和設計並不是**可執行程式（二元型態的可交付物）**^(譯註)。它們並沒有明確的完成標準。沒有一個真正的方法，可以讓你知道「你已經完成了它們」。所以我們不妨在「時間到」時結束它們。

實作階段

然而在另一方面，實作（Implementation）則有明確的完成標準（definite completion criteria）。沒有任何方法可以讓我們「假裝」實作已經成功完成了[20]。

譯註： 二元型態的可交付物（binary deliverables）是指該交付物只有「完成」以及「未完成」兩種狀態。另一種解釋是，因為「分析」和「設計」的產出是「文件」，不是「可執行程式」，你無法執行「分析」或「設計」的「文件」，所以沒辦法定義明確的完成標準。

[20] 雖然 healthcare.gov 的開發人員肯定嘗試過了。
（譯註：美國的健康保險交易網站 healthcare.gov，自 2013 年公開啓用之後，就頻頻遭遇技術問題，2014 甚至還有被駭客入侵、個資外洩等負面新聞。
請參考：https://www.linuxpilot.com/healthcare 和 https://www.ithome.com.tw/tech/90726。）

在實作階段，我們所做的工作都是完全明確的。我們要編寫程式碼。而且我們最好要像「抓狂的女妖」（mad banshees）一樣地 coding，因為我們已經「揮霍」（blown）這個專案四個月的時間了。

與此同時，我們的需求仍在改變。增加了新的功能，舊功能被刪除或被修改。我們多麼希望能夠回過頭來「重新分析」和「重新設計」這些改變，但我們只剩下幾個星期的時間了。因此我們只好將這些改變塞塞塞，塞進程式碼之中。

當我們檢視「程式碼」並將它與「設計」進行比較時，往往可以意識到，在進行設計的時候，我們肯定都嗑了一些不尋常的玩意兒，因為程式碼看起來一點也不像我們所繪製的那些漂亮圖表。但我們沒有時間擔心這些了，因為時鐘正滴答作響，加班時間也日益累積。

然後在 10 月 15 日前後的某個時候，有人突然提問：『嘿，今天是幾月幾號？這什麼時候要交啊？』也正是那個時候，我們發現只剩下兩週的時間，而我們是絕對不可能在 11 月 1 日之前完成它的。這也是利益相關者第一次被告知「這個專案可能有點小小的問題」。

你可以想像利益相關者的焦慮。『為什麼你們不能夠在**分析階段**的時候就告訴我們呢？在那個階段，你們應該就要確定專案的規模，也要提供時程表的可行性，不是嗎？難道你們不能在**設計階段**的時候就告訴我們嗎？在那個階段，你們應該要將設計分解成模組，還要將模組分配給團隊，更要進行人力資源預測，不是嗎？為什麼你們要拖到**截止日期前兩週**才告訴我們呢？』

他們說得其實有點道理，不是嗎？

死亡行軍階段

於是我們進入了專案的死亡行軍階段（Death March Phase）。客戶怒氣沖沖、利益相關者氣個半死、壓力日益上升、超時日漸激增、人們紛紛投降。簡直像是來到了地獄。

在 3 月的某個時候，我們交付了一個蹩腳的東西（limping thing），該東西只能完成客戶想要的大概一半的功能。每個人都很沮喪、每個人都很消極。我們發誓**再也不要**重蹈覆轍了。下一次，我們要把事情做對！下一次我們要做**更多的**分析和**更多的**設計。

我把這稱之為 Runaway Process Inflation（失控過程的通膨）。我們要做那些根本不可能行得通的事，然後還要做**很多、很多**遍。

誇大其詞？

很明顯地，這個故事是過於誇大了。它幾乎將「任何軟體專案」當中，曾經發生過的「所有壞事」，通通集合在一起。大多數瀑布專案並沒有失敗地如此徹底。 事實上有一些人，透過純粹的好運，完成了專案並獲得一點點的成功。但話又說回來，我曾經歷過許多次「類似上述的會議」，我也曾參與過許多個「像這樣的專案」，而且我並不孤單。這個故事或許是誇張的（hyperbolic），但它仍然是真實的。

如果你問我，究竟有多少「瀑布專案」真的像上面所描述地那樣，如此災情慘重，我不得不說，答案是相對較少的 —— 但換句話說，它並不是零，而且它有太多太多例子了。再者，絕大多數的人都遭遇過類似的情況，只不過是程度大一點或小一點的差別罷了。

瀑布並不是絕對的災難。它並沒有將每個軟體專案都擊毀成碎石。但無論是過去還是現在，瀑布仍然是執行軟體專案時的災難性方法。

更好的方法

瀑布之所以吸引人就是因為它實在是太合情合理了。首先我們分析問題，然後我們設計解決方案，最後我們實作該設計。

簡單、直接、明瞭，然後出錯。

專案的敏捷方法與你剛剛閱讀到的內容是完全不一樣的，但它同樣合情合理。事實上，在你讀完這本書之後，我想你會發現，它比瀑布的三個階段還要合理得多。

敏捷專案從分析（analysis）開始，但這是一場永無止境的分析。在圖 1.4 當中，我們看到了整個專案。右邊是結束日期（end date），11 月 1 日。還記得吧？你知道的第一件事就是日期（date）。我們將該時間細分為定期增量（regular increments），這些定期增量稱之為「**迭代**」（iteration）或「**衝刺**」（sprint）[21]。

---

[21]　「衝刺」（sprint）是 Scrum 中所使用的術語。我不喜歡這個詞，因為它隱含了「盡可能快速地奔跑／執行（running）」的意思。一個軟體專案是一場馬拉松比賽，而你不會想要在馬拉松比賽中「衝刺」。

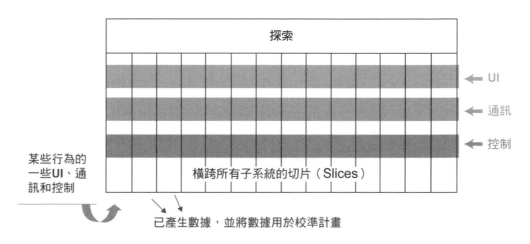

圖 1.4　整個專案（The whole project）

迭代的大小通常為一週或兩週。我更喜歡一週，原因是兩週內可能會出錯的機率實在是太高了。有些人比較喜歡兩週，因為他們擔心一週的時間無法完成足夠的工作量。

迭代 0（Iteration Zero）

第一次的迭代有時也稱作迭代 0（Iteration Zero）；迭代 0 是用來產生特性功能（feature）的簡短清單，這些簡短清單稱之為「故事」（story）。我們在後續的章節中將對此進行更多的討論。現在，你只要將它視為「有待開發的特性功能」即可。迭代 0 也用於設置開發環境、評估故事，並配置（lay out）初始計畫。而這個計畫只是「故事」在前幾次迭代中的「暫定分配」（tentative allocation）。最後，開發人員和架構師使用迭代 0，並根據「故事的暫定清單」來構思「系統初始的暫定設計」。

編寫故事、評估故事、計畫和設計故事的過程會**一直持續不斷**。這也就是為什麼會有一個名為「探索」（Exploration）的橫條跨過整個專案。從開始到結束，

29

專案中的每一次迭代都將包含一些分析、設計和實作。在敏捷專案中,我們會**一直**在做分析和設計。

有些人認為這代表了「敏捷」只是一連串的迷你瀑布,可事實**並非如此**。迭代並沒有拆分成三個部分。「分析」不是只有在迭代開始的時候單獨進行,也不是只有在迭代結束的時候單獨進行。相反的,需求分析、架構、設計和實作等活動,在整個迭代過程中皆是連續不斷的。

如果你為此感到困惑,請不要擔心。在後續的章節中,將對此進行更多的介紹。你只要記住,「迭代」並不是敏捷專案中的最小粒度(granule),其中還有更多的層次(level)。在每個層次中,都有分析、設計和實作。這是一個無限迴歸的過程(It's turtles all the way down)。^(譯註)

敏捷產生數據

迭代 1(Iteration One)是從「預估將會完成的故事數量」開始,然後團隊在迭代的過程當中完成這些故事。稍後我們將討論迭代時會發生哪些事情。現在,你認為團隊確實完成「他們計畫的所有故事」的可能性有多高?

當然,幾乎為零。這是因為軟體不是一個可靠的預估過程。我們的程式設計師根本不知道需要多長的時間才能完成。這並不是因為我們無能或是懶惰,這是因為在參與和完成任務之前,根本沒有辦法知道任務的複雜程度。不過很快的各位就能夠明白,這件事並不是完全毫無希望。

譯註: It's turtles all the way down,這句片語的直譯是「海龜的下面還是海龜」、「一隻烏龜馱著一隻烏龜再馱著另一隻烏龜……無限隻的烏龜」,有「無止盡」、「無限循環」、「層層堆疊」之意,請參考維基百科頁面上的烏龜堆疊照片: https://en.wikipedia.org/wiki/Turtles_all_the_way_down。

在迭代結束時，我們計畫完成的故事，有一部分將被完成。這為我們提供了一個「在迭代中可以完成多少」的第一個測量（measurement）。這是**真實的數據**（real data）。如果我們假設每一次迭代都是相似的，那麼我們可以使用這些數據來調整我們的原始計畫，並為該專案計算一個「新的結束日期」（圖 1.5）。

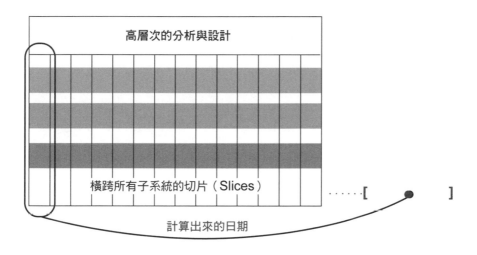

圖 1.5 計算新的結束日期

這個計算可能會令人非常失望。我們幾乎可以斷定，它將遠遠超過專案的原始結束日期。然而另一方面，這個新的日期是以「**真實數據**」為基礎的，因此它不應該被忽略。但也因為它是以「單一數據點」為基礎，因此也不能太過重視它。「預計日期」（projected date）前後的誤差線（error bars）是非常、非常寬的。

為了縮小這些誤差範圍，我們應該再進行兩次或三次的迭代。當我們這麼做的時候，我們會獲得更多的數據，而這些數據與「可以在一次迭代中完成多少個故事」密切相關。我們會發現，這個數字在每一次的迭代中都會有所不同，但平均下來的**速度**（velocity）相對穩定。經過四到五次迭代，我們對「何時能夠完成這個專案」將會有更好的理解（圖 1.6）。

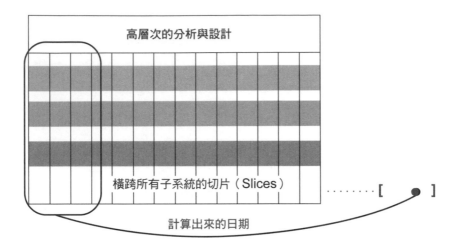

圖 1.6 「更多的迭代」代表對「專案結束日期」有更好的理解

隨著迭代的進行，誤差線會不斷地縮小，直到「幻想原訂日期能有成功的機會」這件事變得一點意義也沒有。

幻想與管理

打破幻想（loss of hope）正是敏捷的主要目標。我們練習敏捷就是為了在幻想「殺死」專案之前，就先摧毀幻想。

幻想是專案的殺手。幻想會讓軟體團隊「誤導」管理人員有關他們的實際進度。當管理人員詢問團隊『*進度如何？*』時，正是「幻想」提供了『*相當好*』的答案。幻想是一種非常糟糕的「軟體專案管理方法」。敏捷則像是為感冒提供了「早期且持續的用藥」，以「殘酷的現實」來取代「幻想」。

有些人認為，敏捷就是要走得快，其實不然。敏捷從來就不是為了快。敏捷是要儘早知道我們做得有多糟糕。我們之所以要儘早知道這一點，是為了讓我們能夠**管理**（manage）整個局面。明白了吧？**這**才是管理人員該做的事。管理人員透過收集數據，然後根據該數據來做出最佳決策，藉此管理軟體專案。**敏捷**

產生數據。敏捷產生大量的數據。管理人員使用這些數據來推動專案,以得到盡可能最好的結果。

盡可能最好的結果(the best possible outcome)通常不會是最初期望的結果。盡可能最好的結果可能會讓「最初委託該專案的利益相關者」感到相當失望。但是從字面上來看,「盡可能最好的結果」就是「他們能獲得的最好結果」。

管理鐵十字

所以現在讓我們回到專案管理的「**鐵十字**」(Iron Cross):好的、快速、便宜、完成。有了專案所產生的數據,現在是時候讓該專案的管理人員決定「專案應該要多好」、「應該要多快」、「應該要多便宜」以及「應該完成到什麼樣的程度」。

管理人員將透過更改範圍(scope)、時程表(schedule)、人員(staff)與品質(quality)來達成這一點。

更改時程表

讓我們從「時程表」開始吧。讓我們問問利益相關者,我們是否可以將專案從 11 月 1 日延遲到 3 月 1 日。這些對話通常不會進行得很順利。還記得吧,日期的選擇往往是依據對業務有益的考量,這些業務因素可能沒有改變。因此「延遲」通常代表該業務將遭受某些重大的衝擊。

另一方面,有時企業只是為了「圖個方便」而選擇日期。比如說,也許在 11 月有一個貿易展(trade show),而他們想要在該展覽上「炫耀」這個專案。或許 3 月也有另一個貿易展,到時展示該專案的效果也會一樣好。別忘了,現在時機尚早。我們才對該專案展開幾次迭代而已。我們想要在利益相關者訂下 11 月的展覽攤位**之前**,告知他們「我們的交付日期會是在 3 月」。

許多年前，我管理了一群軟體開發人員，他們為一家電信公司的專案工作。在專案進行的過程中，很明顯我們將比「預計的交付日期」晚六個月。我們盡可能提早與「電信公司的高級主管們」面對面說明此事。因為從來沒有一個軟體團隊提早告訴這些主管們，時程表將被延遲，所以他們起身，給我們熱烈的掌聲。

你不能夠奢望主管會有這種反應，但這的確發生在我們身上，就那麼一次。

增加人手

在一般情況下，企業根本不願意更改時程表。日期的選擇就是依據對業務有益的考量，且這些考量仍然成立。因此，讓我們嘗試增加人手吧。每個人都知道，透過加倍的人力，速度就可以變成兩倍。

事實上，情況恰好相反。Brooks' law（布魯克斯定律[22]）指出：『*在一個時程已經落後的軟體專案中增加人手，只會讓它更加落後*』（Adding manpower to a late project makes it later）。

---

[22] 《人月神話》：Brooks, Jr., F. P. 1995 [1975]. The Mythical Man-Month. Reading, MA: Addison-Wesley. https://en.wikipedia.org/wiki/Brooks%27s_law.

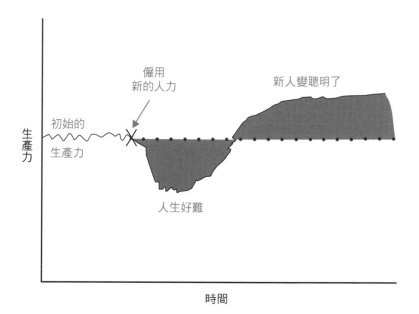

圖 1.7 在團隊中增加更多人力的實際效果

實際的情況其實更接近圖 1.7。團隊正以「一定的生產力」在進行工作。然後新的人員加入了。就在菜鳥榨乾老鳥精力的同時，生產力亦下降了幾週。然後，新人們開始變得聰明伶俐了（希望如此），可以開始做出實際的貢獻了。管理人員的賭注是，該曲線下方的面積有朝一日能轉為淨正值（net positive）。當然，我們將需要「足夠的時間」和「足夠的改進」來彌補最初的那些損失。

另一個因素就是，增加人員的成本是很昂貴的。通常預算根本不能容許僱用新人，因此為了便於討論，我們假設目前不能增加人手。這意謂「品質」（quality）是接下來要改變的項目。

降低品質

每個人都知道,產生垃圾程式碼可以讓速度變得更快。所以,停止編寫所有的測試、停止所有的程式碼審查(code reviews)、停止所有無意義的重構吧!只要負責一直寫,把 code 交出來就對了。如有必要,每週 coding 80 個小時也無所謂。只要交 code,其餘免談!

相信你知道我要告訴你什麼,這樣做是沒用的。產生垃圾程式碼**並不會**讓你走得更快,反而會使你走得更慢。這就是你成為一位程式設計師之後,累積二三十年會得到的教訓。沒有所謂「又快又髒」的事物(There is no such thing as quick and dirty[譯註])。所有髒的都是慢的(Anything dirty is slow)。

快速前進的唯一方法,就是選擇好的品質。
(*The only way to go fast, is to go well.*)

因此,讓我們轉動品質的旋鈕(quality knob)將它調到爆表吧[譯註]。如果我們要縮短時程,唯一的選擇就是**提高**品質。

改變範圍

現在我們只剩下最後一樣東西需要修改了。也許,只是也許啦,有些功能不一定要在 11 月 1 日之前完成。讓我們問問利益相關者吧!

譯註: quick and dirty,直譯為「又快又髒」,這裡的「髒」有「簡陋」、「拙劣」、「次級」的意思,這句片語即「快速但拙劣的事物」的意思。

譯註: 原文是「turn it up to 11」。這句片語出自電影《搖滾萬萬歲》(This Is Spinal Tap),電影裡面的吉他手自豪地展示了一個音量放大器,它的音量旋鈕的刻度標記非常特別,是從 0 到 11,而不是一般的從 0 到 10。這句話後來被引申為「使某項事物達到其極限的行為」,詳情請參考:https://en.wikipedia.org/wiki/Up_to_eleven。

「長官好,如果您需要所有的功能,那麼交付日期只能是 3 月。如果您堅決在 11 月之前要我們交付一點東西出來,那麼您必須刪除一些功能。」

『我們什麼也不會刪。我們要所有的功能!而且我們必須在 11 月 1 日之前就拿到!』

「您可能不了解情況。如果您需要全部的功能,那我們得工作到 3 月才能完成。」

『我們全部都要,11 月就要!』

這場小小的爭論會持續一段時間,因為沒有人願意讓步。儘管利益相關者在這場爭論中擁有道德制高點(moral high ground),但程式設計師擁有數據。在任何理性的組織中,數據都將獲勝。

如果組織是理性的,那麼利益相關者最終會低頭、接受,並開始仔細審查計畫。他們會逐一指出他們在 11 月之前「非絕對必要」的功能。這件事很痛苦,但理性組織能有什麼實質上的選擇呢?因此,計畫進行了調整,有一些功能被延後了。

業務價值排序

當然,利益相關者總會不可避免地發現一項「我們已經實作完成的功能」,然後表示:『你們已經完成了喔?真令人遺憾,我們確定不需要它了。』

我們再也不想聽到這句話了!因此從現在開始,每一次開始迭代的時候,我們都要詢問利益相關者「接下來」要實作哪些功能。沒錯,功能之間有依賴性,但我們是**程式設計師**,我們可以處理依賴性。無論如何,我們將按照「利益相關者所要求的順序」來實作功能。

概述在此結束

你剛剛閱讀的是從 20,000 英尺高空俯視的敏捷全貌。有許多細節遺失了，但要點都講到了。敏捷是將專案拆分為「迭代」的程序。而迭代的每一次輸出，必須經過測量並持續用來評估時程。特性功能則要按照業務價值的排序來進行，以便先實作出最有價值的項目。品質的部分盡量要保持最高。時程表主要是透過調整實作範圍來進行管理。

這就是敏捷。

生命之環

圖 1.8 是 Ron Jeffries 提出的，用來描述 XP 的實踐。這張圖被暱稱為「**生命之環**」（Circle of Life）。

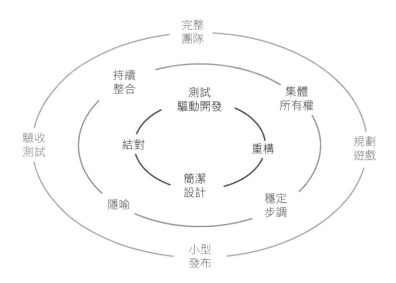

圖 1.8 生命之環（The Circle of Life）

我在這本書中選擇討論 XP 的實踐，是因為在所有的敏捷程序中，XP 是定義最清楚、最完整，也最不混亂的。實際上，其他所有的敏捷程序都是「XP」的子集或變體，但這並不表示其他的敏捷程序都應該被忽略。事實上你可能會發現，它們對於各種專案來說，都很有價值。但如果你想了解敏捷的真正意義，沒有什麼比研究 XP 還要更好的方法了。XP 是敏捷不可或缺的核心「原型」，也是敏捷必不可少的核心「最佳代表」。

Kent Beck 是 XP 之父，而 Ward Cunningham 則是 XP 之祖父。他們兩個人在 80 年代中期於 Tektronix 一起工作，探索了許多最終成為 XP 的理念。後來，Kent Beck 在 1996 年左右將這些想法變得更加完善，成為 XP 的具體形式。2000 年，Kent Beck 發表了權威性著作：《*Extreme Programming Explained: Embrace Change*》[23]。

生命之環可細分為三個環（rings）。它的最外圈表示 XP「業務方面的實踐」（business-facing practices）。這一圈實質上等同於 Scrum 程序[24]。這些實踐為軟體開發團隊與業務溝通的方式提供了框架，也提供了業務和開發團隊管理專案的原則。

- 規劃遊戲（Planning Game）的實踐，在這一圈中扮演了核心的角色。它告訴我們應該如何將專案拆解成「功能」、「故事」和「任務」。它為這些功能、故事和任務的「預估、確定優先順序和排程」提供了指引。

- 小型發布（Small Releases）指導團隊按小小的規模來工作。

---

[23] Beck, K. 2000. Extreme Programming Explained: Embrace Change. Boston, MA: Addison-Wesley. 這本書有第二版（版權頁是 2005 年），但第一版才是我的最愛，也是我認為最佳的版本（definitive）。Kent 也許不會同意我的看法。

[24] 至少 Scrum 最初的構想是如此。如今，Scrum 已吸收了更多的 XP 實踐。

- 驗收測試（Acceptance Tests）為「功能、故事和任務」提供了「完成」（done）的定義。它向團隊展示了如何制定明確的完成標準。

- 完整團隊（Whole Team）傳達的觀點是，軟體開發團隊是由許多不同的「職責」（functions）所組成的，包括程式設計師、測試人員和管理人員，他們全都朝著同一個目標努力。

生命之環的中間這一圈表示「團隊方面的實踐」（team-facing practices）。這些實踐，為開發團隊提供了與其自身進行「溝通」以及「管理」的框架和原則。

- 穩定步調（Sustainable Pace）是一種實踐，這種實踐可以防止開發團隊太過快速地消耗資源以致於在終點線前耗盡精力。

- 集體所有權（Collective Ownership）確保團隊不會將專案拆分為一組知識孤立單位（a set of knowledge silos）。

- 持續整合（Continuous Integration）使團隊專注在解決回饋迴圈（closing the feedback loop）這件事情上並進行得足夠頻繁，以便隨時了解目前的狀況。

- 隱喻（Metaphor）是一種實踐，用來建立和發布「詞彙」和「語言」。這些詞彙和語言將被團隊與企業用於系統方面的溝通。

生命之環最裡面的那一圈表示「技術方面的實踐」（technical practices）。這些實踐指引並約束程式設計師們保持「最高的技術品質」。

- 結對（Pairing）是一種實踐，這種實踐讓技術團隊能夠共享知識、檢查和協作到一定的程度，以至於推動「創新」和「準確性」。

- 簡潔設計（Simple Design）是一種實踐，這種實踐會指引團隊，避免浪費精力。

- 重構（Refactoring）鼓勵大家對所有的工作成果（work products）進行不斷的改進和完善。

- 測試驅動開發（Test Driven Development）是技術團隊用來在「快速前進」的同時又能確保「最高品質」的安全線。

這些實踐至少在以下這幾個方面與「《敏捷宣言》的目標」非常一致：

- **個人與互動**（Individuals and interactions）重於流程與工具

→ 完整團隊、隱喻、集體所有權、結對、穩定步調

- **可用的軟體**（Working software）重於詳盡的文件

→ 驗收測試、測試驅動開發、簡潔設計、重構、持續整合

- **與客戶合作**（Customer collaboration）重於合約協商

→ 小型發布、規劃遊戲、驗收測試、隱喻

- **回應變化**（Responding to change）重於遵循計畫

→ 小型發布、規劃遊戲、穩定步調、測試驅動開發、重構、驗收測試

但如同我們將在本書的後續所見，「生命之環」與《敏捷宣言》之間的聯繫（linkages）其實是比「前述的簡單模型」還要更加深遠、更加精細。

小結

這就是所謂的「敏捷」，敏捷就是這樣開始的。敏捷是一個小小的紀律，可以幫助「小型的軟體團隊」管理「小型的專案」。儘管這些都很小，但敏捷的影響和成果卻是非常巨大的，畢竟所有的「大型專案」都是由許多「小型專案」所組成的。

隨著時間的流逝，軟體越來越深入人們的日常生活，所涉及的人數不僅龐大還不斷擴張。說是軟體即將統治全世界，一點也不誇張。不過，軟體要是真的統治了全世界，那麼「敏捷」就是推動軟體開發的最佳幕後推手。

第 2 章

選擇敏捷的理由

在我們深入探討「敏捷開發」的細節之前，我想先說明一下它的利害得失之處（what's at stake）。敏捷開發不僅對軟體開發很重要，對我們的業界、我們的社會乃至於我們的文明也一樣重要。

開發人員和管理人員被「敏捷開發」吸引，往往出自於一時興起（transient reasons）。他們之所以嘗試使用它，是因為他們「覺得」這麼做似乎是正確的，或者他們對「速度與品質的承諾」信以為真。這些想法都是無形的、籠統的，且非常經不起考驗。許多人之所以放棄敏捷開發，僅僅是因為他們沒有「立即」體驗到他們認為應該要有的效果。

這些「一時興起的念頭」並非「敏捷開發為何如此重要」的原因。敏捷開發之所以如此重要，是出於更深層的「哲學」和「道德」因素。這些因素與「專業素養」和「客戶的合理期望」息息相關。

專業素養

敏捷最初吸引我的原因，是它對「紀律」（discipline）而非「儀式」（ceremony）的強烈決心（high commitment）。要正確地執行「敏捷」，你們必須結對工作（work in pairs）、先編寫測試、重構，接著投入簡潔的設計。你必須在很短的週期內工作，且每一個週期都要產生「可執行的輸出」。你必須定期且持續地與業務進行溝通。

若你回頭去看「生命之環」，並將其中的每一種實踐都視為一種承諾（promise）、一種決心（commitment），那麼你就會了解我的心路歷程。對我來說，「敏捷開發」是讓我更奮發向上（up my game）的一種「決心」——成為一名專業人士，並在整個軟體開發業界中提倡專業行為。

我們身處的這個行業，極度需要提升我們的專業素養（professionalism）。我們經常失敗。我們推出（ship）太多的垃圾產品了。我們接受太多的缺陷。我們做出了糟糕的取捨。多數時候，我們表現得像是拿著一張新信用卡的叛逆青少年。在那個單純的年代，這些行為是可以被容忍的，因為風險（stakes）相對較低。在 70 年代和 80 年代甚至 90 年代，軟體故障的成本固然很高，但卻是少見（limited）且可被控制的（containable）。

軟體無所不在

現在情況不一樣了。

現在，請你環顧四周。你只需要坐在你的位置上，然後環視整個房間。告訴我，你的房間裡有幾台電腦呢？

讓我來示範一次給你看。現在，我身處於威斯康辛州北方森林的夏季小木屋。在這個房間裡，一共有幾台電腦在我的身邊呢？

- 4：我是用 4 核心的 MacBook Pro 撰寫本書。我知道，蘋果說它有 8 核心，但我並沒有把「虛擬」（virtual）核心也計算在內。我也沒有把 MacBook 當中所有小型的「輔助處理器」（ancillary processors）都算進去。

- 1：我的巧控滑鼠（Apple Magic Mouse 2）。我確定它裡面有許多處理器，但我還是把它算成 1 個。

- 1：我的 iPad。它執行 Duet，用來作為第二台顯示器。我知道 iPad 裡面還有許多其他的小型處理器，但我還是只將它算成 1 個。

- 1：我的車鑰匙（！）。

- 3：我的無線耳機（Apple AirPods）。每一隻耳機有一個處理器，外殼也有一個。裡面可能還有更多個，但我……

- 1：我的 iPhone。是啦、是啦，iPhone 裡實際的處理器數量可能超過 12 個，但我還是將它算成 1 個。

- 1：在我視線範圍內的「超音波動作偵測器」（Ultrasonic motion detector）。房子裡面還有更多，但我現在只能看到一個。

- 1：恆溫器（Thermostat）。

- 1：安全警報器（Security panel）。

- 1：平面電視（Flat-screen TV）。

- 1：DVD 播放器。

- 1：Roku Internet TV 串流裝置。

- 1：路由器（Apple AirPort Express）。

- 1：電視（Apple TV）。

- 5：遙控器。

- 1：電話（是的，一台貨真價實的電話機）。

- 1：假壁爐（你真應該看看這個假壁爐所擁有的各種花俏模式！）。

- 2：舊型電腦控制望遠鏡：Meade LX 200 EMC。硬碟中有一個處理器，而手持控制單元中有另一個處理器。

- 1：放在我口袋裡的隨身碟。

- 1：觸控筆（Apple pencil）。

在我自己身上，以及在這個房間裡，我算了至少有 30 台電腦。實際的數字可能是這個的兩倍，因為大多數裝置都有許多處理器。但現在我們就先暫定為 30 吧。

那麼你看到幾台電腦呢？我敢打賭，對大多數讀者來說，數字會非常接近我的 30 台。事實上，我也敢說，生活在西方社會的 13 億人口當中，多數人身邊經常會有將近十多台電腦。這是近年來的現象。在 90 年代初期，這個數字的平均值是接近「零」的。

這些身旁的電腦有什麼共通點呢？我們都需要對它們進行程式設計。它們都需要軟體 —— 我們寫的軟體。那麼，你認為這樣的軟體應該具備什麼樣的品質呢？

讓我從另一個角度來發問。你的祖母每天會與軟體系統互動多少次呢？如果你的祖母還健在的話，這個數字可能會是上千次，因為在現今的社會，如果不與軟體系統進行互動的話，什麼事情都不能做。例如你不能：

- 講電話。

- 買賣任何東西。

- 使用微波爐、冰箱甚至是烤麵包機。

- 洗衣服或烘衣服。

- 洗碗盤。

- 聽音樂。

- 開車。

- 申請保險理賠。

- 調高房間的溫度。

- 看電視。

還有比這更糟的。在現代社會中，如果不與軟體系統進行互動，就幾乎做不了什麼有重要意義的事。例如沒有辦法通過、頒布或執行法案。沒有辦法辯論政府的政策、飛機無法起飛、沒辦法開車、沒辦法發射飛彈、船無法航行、道路無法鋪平、糧食無法採收、鋼鐵廠無法煉鋼、汽車工廠無法生產汽車、糖果工廠無法製造糖果、股票無法交易……

沒有軟體，我們社會的運作將動彈不得。每一個清醒的時刻皆由軟體掌控。我們當中甚至有許多人必須使用軟體來監控自己的睡眠。

我們主宰了世界

我們的社會已經演變成必須徹底、完全地依賴「軟體」。軟體是我們的社會運作的命脈。沒有軟體，我們目前享有的文明就不可能實現。

那麼是誰編寫了所有的軟體呢？你和我。我們，也就是程式設計師們，主宰著全世界。

其他人可能會認為他們統治了世界，但接下來他們得將自己制定的「法則」交給我們，讓**我們**編寫成實際的東西在機器上執行，而這些軟體幾乎監視並控制著現代生活中所有的活動。

我們，程式設計師，主宰了世界。

而我們表現得非常糟糕。

你覺得那些執行了「所有一切」的軟體當中，有哪些是經過了適當的測試呢？有多少程式設計師可以「保證」他們擁有一個測試套件，且這個套件是可以高度肯定地**證明**（prove）他們所編寫的軟體是「可行」的？

在你的汽車內執行的「億萬行程式碼」是否有效？你是否發現了任何的 bug？我就找到了。而控制煞車、加速器和方向盤轉向的程式碼又是如何呢？有任何的 bug 嗎？有沒有一個可以立即執行的測試套件，可以高度肯定地「**證明**」，當你的腳踩下煞車板時，汽車真的會停下來？

有多少駕駛因為汽車內的軟體，未能偵測到腳踩煞車板的壓力而喪生？我們不確定，但答案是**很多很多人**。在 2013 年的一個案例當中，豐田支付了數百萬美元的賠償金，因為他們的軟體包含了『可能的位元反轉及任務終止，因而造成：故障保險裝置被停用、記憶體損壞、單點故障、堆疊溢位和緩衝區溢位的保護措施不足、單一故障隔離區，再加上成千的全域變數』，全都糾纏在義大利麵式的程式碼（spaghetti code）之中[1]。

我們的軟體正在殺人。相信你我並不是為了殺人才進入這個行業。我們當中有許多人之所以是程式設計師，可能是因為小時候寫了一個無限迴圈把名字列印在螢幕上，然後覺得那樣好酷。可是現在我們的行為卻讓其他人的生命財產受到威脅。然後隨著時間的推移，有越來越多程式碼使得越來越多的生命財產置於危險境地之中。

災難

總會有那麼一天，即使在你閱讀本書時還沒有發生，但總會有那麼一位可憐的程式設計師，在某個粗心的瞬間做了蠢事，然後害死一萬個人。請仔細地深思

---

[1] Safety Research & Strategies Inc. 2013. Toyota unintended acceleration and the big bowl of "spaghetti" code [blog post]. November 7. 閱讀全文：http://www.safetyresearch.net/blog/articles/toyota-unintended-acceleration-and-big-bowl-%E2%80%9Cspaghetti%E2%80%9D-code。（譯註：詳情亦可參考這篇文章《有著 1 萬個全域性變數的一大坨程式碼》：https://itw01.com/9T5ETBL.html。）

這個可能性。不難想像有至少半打可能的情境。當這些情況發生時,世界各地的政客將義憤填膺地群起而攻之(他們也理應如此),紛紛指責我們。

你可能會以為他們會把矛頭指向我們的老闆,或是公司的高階主管,但我們已經見識過了,就在「北美 Volkswagen 的 CEO」於國會上作證的時候。政客們問他,為什麼 Volkswagen 要在自家的汽車中安裝一種軟體,而這種軟體會刻意偵測並讓「加州所使用的廢氣排放測試硬體」失去作用。他是這樣回答的:『從我的角度來看,就我目前所知,這並非公司的決定。這是幾個軟體工程師不知道什麼原因自己決定放進去的。』[2]

因此,那些指謫的手指紛紛指向了我們,而這是合情合理的。因為我們在鍵盤上的手指、我們所缺乏的紀律以及我們的粗心大意,才是造成這一切的罪魁禍首。

我一直將這件事放在心上,也因此我對敏捷懷抱著很高的期望。當時的我和現在的我一樣,都對敏捷軟體開發的紀律(disciplines of Agile software development)抱持著很大的希望。希望這些紀律能夠讓我們從「電腦程式設計」往「誠實且光榮的職業」的轉變道路邁向第一步。

---

[2] O'Kane, S. 2015. Volkswagen America's CEO blames software engineers for emissions cheating scandal. The Verge. October 8. 閱讀全文:https://www.theverge.com/2015/10/8/9481651/volkswagen-congressional-hearing-diesel-scandal-fault。
(譯註:可參考聯合新聞網發燒車訊《【VW柴油車弊案懶人包】5分鐘搞懂來龍去脈》:https://autos.udn.com/autos/story/7826/1219775,或 google 搜尋「福斯作弊軟體」,就能看到更多且更詳細的資訊。)

合理的期望

以下是管理人員、使用者和客戶對我們完全合理的期望清單。請注意,當你閱讀這個清單的時候,大腦的一側將認同每一項都是完全合理的。但也要注意,大腦的另一側,也就是屬於程式設計師的那一側,會感到惶恐。程式設計師的那一側可能會難以想像,該如何滿足這些期望。

滿足這些期望正是「敏捷開發」的主要目標之一。敏捷的原理和實踐非常直接地滿足了該清單上的多數期望。以下的行為,則是任何一位優秀的首席技術長(CTO)對員工會有的期望。為了充分理解我接下來要說的事情,我希望你把我當成你的 CTO,而以下是我的期望。

我們不會推出垃圾產品!

我們居然得提起這件事,真是我們這個行業的不幸,但確實如此。親愛的讀者,我敢肯定,你們當中有許多人已經一次或多次違反了這個期望。我自己就是如此。

要了解這件事態的嚴重性,讓我們看一下這些例子:由於 32 位元時鐘的歸零(rollover),進而導致了洛杉磯上空的航空交通管制網路(Air Traffic Control network)的關閉。還有因為同樣的原因,使得波音 787 飛機上的所有發電機都關閉。另外就是因波音 737 Max MCAS 軟體而喪命的數百位罹難者。

又比如說我自己在 healthcare.gov 剛上線時的經歷。在首次 login 之後,就像當今的許多系統一樣,它詢問了一系列的安全問題。其中之一是令人難忘的日子(memorable date)。於是我輸入了我的結婚週年紀念日 7/21/73。系統給了我一句 Invalid Entry(無效的輸入)。

我是程式設計師。我知道程式設計師在想什麼。因此,我嘗試了許多不同的日期格式:07/21/1973,07-21-1973,21 July, 1973,07211973 等等。這些所有輸入都給了我相同的結果:Invalid Entry。這真是令人沮喪。這該死的東西到底想要什麼樣的日期格式?

然後我靈光一閃。編寫這些的程式設計師,並不知道網站會問什麼樣的問題。他或她只是從資料庫中提取問題,並儲存答案。那位程式設計師可能還不允許在這些答案之中使用特殊符號和數字。所以我輸入了:Wedding Anniversary(結婚週年紀念日),輸入就被接受了。

說真的,我個人認為任何要求使用者像程式設計師一樣思考,才能以「預期的格式」將資料輸入的系統,都是垃圾。

我其實可以在本小節中,介紹一堆關於此類糟糕軟體的奇聞軼事。但已有其他人先做了,且比我能夠做的還要更棒。如果你想深入了解這些,請閱讀 Gojko Adzic 的《*Humans vs. Computers*》[3] 和 Matt Parker 的《*Humble Pi*》[4]。

對於我們的管理人員、客戶和使用者而言,他們期望我們能夠提供高品質、低錯誤的系統,這是完全合理的。沒有人會期望得到垃圾 —— 特別是當他們為此付出了高額代價的時候。

請注意,Agile 對測試(Testing)、重構(Refactoring)、簡潔設計(Simple Design)以及客戶回饋(customer feedback)的著重(emphasis),就是對「推出糟糕程式碼」(shipping bad code)的明顯補救良方。

---

[3]　Adzic, G. 2017. Humans vs. Computers. London: Neuri Consulting LLP.
　　書籍介紹:http://humansvscomputers.com。

[4]　Parker, M. 2019. Humble Pi: A Comedy of Maths Errors. London: Penguin Random House UK. 書籍介紹:https://mathsgear.co.uk/products/humble-pi-a-comedy-of-maths-errors。

持續的技術準備

客戶和管理人員最不期望的事，就是程式設計師發生人為的延遲（artificial delays），而延後系統的推出（shipping）。但是這種人為的延遲在軟體團隊中是很常見的。這種延遲的原因，通常是試圖「同時」建構所有功能，而不是先建構「最重要的功能」。只要某些功能只做到一半、或測試只做到一半、或文件記錄只做到一半，系統就無法部署。

人為延遲的另一個源頭是穩定性（stabilization）的概念。團隊經常會預留一段連續測試的時間。在這段時間內，他們會觀察系統，看看是否會失敗。如果 X 天之後沒有偵測到故障，開發人員就可以放心地做出建議，系統可以開始進行部署了。

敏捷藉由「簡單的規則」解決了上述這些問題。這個規則是系統應在每一次迭代結束時，都能**在理論上**進行部署。理論上可部署（technically deployable）代表從開發人員的角度來看，該系統「在理論上」是足夠堅實的，可以進行部署。程式碼很乾淨，且通過了全部的測試。

這表示迭代中要完成的工作，應包括所有 coding、所有測試、所有文件以及在迭代中所有故事實作的穩定性。

如果系統在每次迭代結束時，**在理論上**（technically）都已準備好進行部署，如此一來，部署就會是**業務決策**（business decision），而不是技術決策（technical decision）。企業可以決定功能是否還不夠去部署，或者因為市場或培訓等因素來決定延後部署。無論如何，系統的品質都會符合可部署性（deployability）的**技術**門檻（technical bar）。

該系統是否可以每一週或兩週，就能「在理論上」進行部署呢？當然有可能。團隊只需選擇一批故事，這些故事要小到足以讓他們在迭代結束之前完成所有部署的準備任務。他們最好也將絕大多數的測試自動化。

從企業和客戶的角度來看，他們只會期望「持續的技術準備」。當企業看到一項功能正有效運作時，他們會期待該功能已經完成了。他們不會想到之後還要被告知「必須等待一個月的 QA 測試」，才能確保品質的穩定性。他們不會想到，該功能之所以能夠有效運作，是因為程式設計師在操作 Demo 的時候，已經先繞過（bypassed）所有無法運作的部分了。

穩定的生產力

你可能已經發現，在 greenfield 專案（即剛起步的全新專案）的前幾個月，程式設計團隊通常可以非常迅速地完成工作。若是沒有既存的 code base 來拖慢你們的速度，那麼你們可以在短時間內得到大量的程式碼。

不幸的是，隨著時間的流逝，程式碼中的混亂會不斷累積。如果該程式碼無法保持簡潔有序，就會給團隊帶來壓力，進而拖慢進度。混亂越大，背上的壓力也隨之增加，團隊的進度也越發緩慢。團隊變慢了，時程的壓力變大了，進而刺激團隊產生更大的混亂。如此這般的「正回饋迴圈」（positive-feedback loop）將使團隊陷入停滯狀態，無法動彈。

管理人員對這種專案變慢的情況感到困惑，他們最後甚至會決定為團隊增加人手，想藉此提高生產力。但正如我們在上一章中所見，增加人力事實上會使團隊落後數週的時間。

大家的希望是在那幾週之後，新人將跟上腳步並協助提高速度。但由誰負責訓練新人呢？就是那一群一開始就讓專案陷入混亂的人。新人們肯定會仿效那樣既定的行為。

更糟的是，現有的程式碼是影響力更強的導師。新人查看舊程式碼，並推測這個團隊的工作方式，然後繼續進行胡搞瞎搞的實踐。於是，儘管增加了新的人手，生產力仍然持續低迷。

管理階層可能還會嘗試再加人手幾次,因為在某些組織中,重複相同的事情並期望得到不同的結果,正是管理階層「具備良好判斷力」的定義。然而到了最後,真相是顯而易見的。管理人員所做的任何事情,都無法阻止這勢不可擋的暴跌(the inexorable plunge),團隊最終還是會落入停滯的困境裡(towards immobility)。

管理人員感到相當絕望,他們詢問開發人員,到底該怎麼做才能提高生產力。開發人員心中有答案。他們早就已經知道需要做些什麼。他們只是在等待被詢問的時機。

『從零開始重新設計系統。』開發人員這麼說。

你可以想像管理人員臉上驚恐的表情。你也可以想像目前已經投資了多少金錢和時間在系統開發上。然後現在開發人員竟然建議把整個東西丟掉,從頭開始進行設計!

當開發人員承諾『這一次不會再重蹈覆轍』的時候,管理人員是否會相信呢?當然不會,傻子才會相信。但他們又有什麼選擇呢?生產力的問題已經正式浮上檯面。照這樣的速率,業務是無法永續發展的。因此,在表達了許多的哀號和咬牙切齒之後,他們終於同意重新設計。

開發人員之間響起一陣歡呼。『哈利路亞!我們要回到生活仍然美好而程式碼依然乾淨的最初階段囉!』當然,事情完全不是這樣發展。真實情況是團隊被一分為二。十位最佳的開發人員組成了**老虎隊**(The Tiger Team,解決棘手問題的臨時編組),就是他們讓事情從一開始就陷入混亂的,但現在他們被選中了,並且搬進新的房間。他們將帶領其餘的我們進入「重新設計系統」的黃金聖地。我們超討厭那些傢伙,因為我們現在擺脫不了「維護舊有垃圾」的困境。

老虎隊是從哪裡得到他們的需求呢？是否有最新的需求文件呢？有的。就是舊的程式碼。舊有程式碼是唯一能夠準確描述「重新設計的系統應該執行什麼」的文件。

因此，現在老虎隊正在仔細研究舊程式碼，試圖弄清楚它做了些什麼以及新設計應該是怎樣。同一時間，我們其他人正在修改同一批舊程式碼，修正 bug 並增加新功能。

於是，我們展開了一場比賽。老虎隊正試圖擊中一個不斷移動的目標。而就像芝諾（Zeno）的阿基里斯與烏龜（Achilles and the tortoise）^{（審校註）}故事中那樣，想要追上一個「移動中的目標」可是不小的挑戰。每次老虎隊抵達舊系統所在之處，舊系統已經移到新的位置了。

我們需要使用微積分，才能證明阿基里斯最後仍追上了烏龜。然而在軟體之中，數學並不是一直都能發揮作用。我曾在一家公司工作，該公司在十年之後還是沒有部署新系統。該公司在八年前就已經向客戶承諾會提供一個新系統，然而新系統卻一直無法為這些客戶提供足夠的功能。舊系統能做的總是比新系統還要更多，所以客戶一直拒絕採用新系統。

幾年之後，客戶直接忽略公司會提供新系統的承諾。從他們的角度來看，那個新系統是不曾存在、也不會有實現的一天。

審校註：這是古希臘哲學家芝諾所提出的悖論，用來證明在後方的阿基里斯永遠追不上烏龜。因為等到阿基里斯追到烏龜原本所在之處，烏龜已經離開原本的地方。而且不管阿基里斯追上的速度有多快，所花的時間都不會是 0，所以烏龜永遠有時間移開而與阿基里斯保持一段距離。這樣的情形會一再反覆，所以得證阿基里斯永遠追不上烏龜。

在此同時，公司必須支付兩個開發團隊的經費：老虎隊和維護隊。最終，管理階層感到非常灰心，他們告訴客戶他們仍在部署新系統，儘管客戶持反對意見。客戶為此感到不悅，但開發人員對老虎隊（或者該說剩下的老虎隊成員）更是火大。原本的開發人員都已晉升主管職位，而團隊的目前成員站了起來並團結一氣地說：『你們不能推出這個，這根本是垃圾。它需要重新設計。』

沒錯，這是 Uncle Bob 講的另一個誇張的故事。這個故事是有事實根據的，但我為了效果將它修飾了。儘管如此，要傳達的訊息基本上還是完全真實的。大型的重新設計是非常非常昂貴的，而且也很少能夠成功部署。

客戶和管理人員不希望軟體團隊隨著時間的流逝而變慢。如果一個功能在專案初期只花了兩週就能做出來，那麼他們希望在一年之後，類似的功能也一樣只要花兩週的時間。也就是說，他們希望生產力能夠一直保持穩定的速度。

開發人員的期望不應比上述更低。透過盡可能地讓「架構、設計和程式碼」持續保持乾淨，他們可以維持較高的生產力，並遏止其他無法避免的惡性循環（spiral）造成生產力過低和重新設計的窘境。

正如我們即將展示的那樣，測試（Testing）、結對程式設計（Pairing）、重構（Refactoring）以及簡潔設計（Simple Design）的敏捷實踐，正是打破這種惡性循環的技術關鍵。「規劃遊戲」（Planning Game）是面對時程壓力的解毒劑，而正是時程壓力加劇了惡性的循環。

花費不多的適應性

軟體（Software）是一個複合詞。「製品」（ware）一詞代表「產品」，「軟」（soft）則代表「容易被更改」。因此軟體是一項容易被更改的產品。之所以會有軟體的發明，是因為我們想要一種可以「快速又輕鬆地」更改機器行為的方

法。如果我們希望這種行為難以改變，我們就會將它稱之為「硬體」（hardware）了。

開發人員經常抱怨需求的不斷變化。我經常聽到這樣的說法：『**這個改變使我們的架構完全泡湯了**』。親愛的，我有一個消息要告訴你。如果需求上的更改會破壞你的架構，那麼你的架構本身就是糟透了。

開發人員應該要讚揚改變，因為這就是我們在這裡的原因。「不斷變化的需求」就是這個職場在玩的遊戲。這些變化正是用來彰顯我們的職業地位和薪資水準之所以合理的正當理由。我們的工作能力表現在是否能夠接受並實現不斷變化的需求，以及能夠使這些更改的成本變得相對低廉。

要是一個團隊的軟體是難以更改的，那麼該團隊已經抹煞了該軟體應當存在於這世上的唯一理由。客戶、使用者和管理人員會期望軟體系統易於更改，且此類更改的成本必須是很小的，並且符合比例原則。

我們將展示 TDD、重構和簡潔設計等敏捷實踐如何一起運作，以確保可以只用最少的努力來安全地更改軟體系統。

持續的改進

隨著時間的流逝，人類會使事情變得越來越好。例如畫家使他們的繪畫變得更美、作曲家使他們的歌曲變得更悅耳，以及屋主使他們的住家變得更舒適。軟體也應當如此：軟體系統越古老，它就應該要**越好**。

隨著時間的流逝，軟體系統的設計和架構應該要越來越好。程式碼的結構應該得到改善，系統的效率和吞吐量（throughput）也應當如此。這不是顯而易見的嗎？這不是你對所有從事任何工作的人，都會有的期望嗎？

這是對軟體業界最大的控訴（indictment），我們會隨著時間的推移而使情況變得更糟，也是我們成為失敗的專業人士的最明顯證據。身為開發人員，我們總是「預期」我們的系統會隨著時間的推移而變得更混亂、更難用（cruftier）、更容易損壞與脆弱，這很可能對別人來說是一種最不負責任的態度。

使用者、客戶和管理人員所期望的，是持續不斷的改進。他們期待早期的問題會逐漸消失，並隨著時間的推移，系統會變得越來越好。結對程式設計、TDD、重構和簡潔設計等敏捷實踐，將給予這種期望強而有力的支援。

膽大無畏的才能

為什麼大多數軟體系統都不會隨著時間而改進呢？因為恐懼。更具體一點地說，是因為害怕改變。

想像一下，你正在看螢幕上的一些老舊程式碼。你的第一個想法是『這程式碼真醜，我應該要來清理一下。』你的下一個想法則是『我還是不要碰它好了！』因為你知道一旦碰了，你就會弄壞它；而一旦你弄壞它，它就是你的責任了。所以你退縮了，你決定不做唯一一件能夠改進程式碼的事：清理它。

這是出於恐懼的自然反應。你害怕那些程式碼，而正是這種恐懼迫使你表現得很不稱職。你無法發揮所長，不敢去做必要的清理，是因為你擔心後果。你讓你所建立的這些程式碼超出你能控制的範圍，以至於你害怕採取任何改進的措施。這是非常不負責任的。

客戶、使用者和管理人員期望的是一種膽大無畏的才能（fearless competence）。他們希望當你看到有問題或不整潔的程式碼時，你會修復它或清理它。他們不希望你讓任何問題持續增加或日漸惡化。他們希望你對程式碼有全盤了解，盡量使它保持清晰和整潔。

所以你該如何消除這種恐懼呢？請想像一下，你有一個控制兩種燈號的按鈕：一個控制紅燈，一個控制綠燈。當你按下按鈕的時候，假如是綠燈亮起，代表系統正常工作，假如是紅燈亮起，則代表系統損壞。假設從按下按鈕到燈號亮起只需要幾秒鐘的時間。在這種情況下，你每隔多久會按一次按鈕？你完全不會停下來。你會一直按這個按鈕。每當你修改程式碼時，你都會按下這個按鈕，確保你沒有破壞任何東西。

現在，想像你正看著眼前螢幕上的一些醜陋程式碼。你的第一個想法是：『我應該清理它。』然後你直接開始清理，每當做出一些小改變時就按下這個按鈕，確保你沒有破壞任何東西。

恐懼消失了。你可以清理程式碼了。你可以使用重構、結對程式設計、簡潔設計等敏捷實踐來改進系統了。

如何才能得到這樣的按鈕呢？TDD 的敏捷實踐能為你提供這個按鈕。如果你遵循原則、懷抱決心，你就能擁有這個按鈕，而你將無所畏懼。

QA 應該找不到任何問題

QA（品保人員）理應找不到系統的任何缺陷。當 QA 執行他們的測試時，他們應該回報一切皆正常運作。要是 QA 發現一個問題，開發團隊都應該找出它們的開發流程中哪裡出錯了，並且修復這個錯誤，這樣下次 QA 就找不出任何問題了。

QA 應該要好奇為什麼他們會困在整個開發流程的後端，不停地檢查那些總是可以運作的系統。而我們很快就會了解，對於 QA 來說，有一個更適合他的位置。

驗收測試（Acceptance Test）、TDD 和持續整合（Continuous Integration）可以支援這個期望。

測試自動化

你在圖 2.1 中看到的手，是 QA 管理人員的手。管理人員手中的文件是一個「手動測試計畫」的目錄。該目錄列出了 80,000 個手動測試，每隔六個月就由印度的測試軍團全數執行一遍。執行這些測試要花費超過 1 百萬美金。

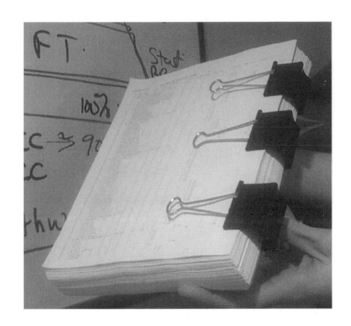

圖 2.1　手動測試計畫的目錄

QA 管理人員拿著這份文件來找我，他才剛從他上司的辦公室中走出來，而他的上司則剛離開 CFO 的辦公室。那是 2008 年，經濟大衰退（Great Recession）已經開始。CFO 每隔六個月就將那 1 百萬美金的預算刪減一半。QA 管理人員拿著文件來找我，問我哪一半的測試可以不用執行。

我告訴他，無論他決定砍掉哪些測試，他都無法知道他系統的其中一半是否正常運作。

這是手動測試不可避免的結果。手動測試最後總是被丟棄。你剛剛看到的例子，就是一個丟棄手動測試最直接也最明顯的方式：手工測試是**昂貴的**，所以總是成為刪減的目標。

然而，還有一種更狡猾的方式丟棄手動測試，那就是開發人員經常延遲交付給 QA。這樣一來 QA 只有很少的時間能用來執行所需的測試。所以為了趕上交付的截止日期，QA 必須選擇他們認為最適合執行的測試，於是有些測試便沒有執行。它們就此被丟棄了。

此外，人類不是機器。要求人類做到機器能做的事情，是昂貴、沒有效率，而且很**不道德**。QA 應該從事更有價值的活動——在這些活動中，他們可以發揮創造力和想像力。我們稍後會討論這個議題。

客戶和使用者期望每一次的新發布都經過詳盡的測試。沒有人期望開發團隊會因為時間不夠或是預算不足而略過一些測試。因此，任何可以自動化的測試都應該被自動化。手動測試只能夠用在那些無法被自動驗證的事物，以及需要創造力的探索性測試（Exploratory Testing）[5]。

TDD、持續整合和驗收測試等敏捷實踐可以支援這個期望。

我們彼此 Cover

身為 CTO，我期望開發團隊能夠表現得像團隊。團隊該如何表現呢？想像一下，有一群球員正帶著球在球場上前進。其中一位球員被絆倒了，其他球員會怎麼做呢？他們會快速遞補位置，並繼續帶著球在球場上前進。

---

[5]　Agile Alliance. Exploratory testing. 請參閱這個網站：https://www.agilealliance.org/glossary/exploratory-testing。

在一艘船上，所有人各司其職。每個人都知道如何做其他人的工作，因為在一艘船上，所有的工作都必須要有人完成。

在一個軟體團隊中，如果 Bob 生病了，Jill 會頂替 Bob 完成工作。這表示 Jill 必須知道 Bob 正在做什麼，也必須知道 Bob 把原始檔案和腳本等等東西放在哪裡。

我期望軟體團隊的成員都能互相幫忙、彼此 cover。我期望每一位軟體團隊成員都能確保在他不幸「跌倒」之後，都有另一個人能夠 cover。確保有一位（或多位）團隊成員能夠 cover 你，這是**你的**責任。

如果 Bob 是負責資料庫的人，而 Bob 生病了，我不希望專案進度因此停滯。其他人（即便不是負責資料庫的人）應該接手這項工作。我不希望團隊將知識保存在穀倉（silo，編按：比喻各自為政）。我希望大家可以共享知識。倘若我必須將團隊的一半成員重新分配到另一個新專案，我不希望團隊會因此失去那一半的知識。

結對程式設計（Pair Programming）、完整團隊（Whole Team）和集體所有權（Collective Ownership）等敏捷實踐能夠支援這些期望。

誠實的估算

我期望估算，我也期望它們是誠實的估算。最誠實的估算就是「我不知道」。但是這樣的估算並不完整。你或許不知道所有事物，但有些事物是你一定知道的。所以我期望你能根據你知道的**以及**你不知道的來做估算。

舉例來說，你可能不知道某件事情要花費多長時間，但你可以將一項任務與另一項任務做相對比較。你可能不知道「建置一個 Login 頁面」要花費多長時間，但你可以告訴我「建置一個更改密碼的頁面」大約要花費 Login 頁面一半的時間。像這樣的相對估算是極具價值的，我們將在稍後的章節說明。

除了做相對估算之外,你也可以給我一個機率範圍。例如你可以告訴我 Login 頁面大概需要 5 到 15 天的時間才能完成,且平均完成時間是 12 天。這種估算結合了「你知道的」以及「你不知道的」,提供了一個可供管理人員管理的誠實的機率。

規劃遊戲(Planning Game)和完整團隊(Whole Team)等敏捷實踐可以支援這個期望。

你必須說「不」

雖然努力尋找問題的解決方案非常重要,但我還是希望,你能夠在你找不到解決方案的時候直截了當地說「不」。你必須明白你被聘用的原因,更多是因為你說「不」的能力,而非你編寫程式碼的能力。身為程式設計師的你們,才是知道事情是否可行的人。身為 CTO,我還必須依靠你們,在我們即將墜落懸崖之際時警告大家。我期望,無論你面臨多大的交付壓力,無論有多少位管理人員要求你做出成果,你都能夠說「不」,當答案真的是「不」的時候。

完整團隊的敏捷實踐可以支援這個期望。

持續的主動學習

身為 CTO,我期望你能持續學習。我們所處的產業變化萬千。我們必須能夠順應改變。所以要學習、學習、再學習!有些公司會負擔你參加課程和會議的費用。有些公司會負擔你購買書籍和線上課程的費用。如果沒有,那麼你必須在沒有公司協助的情況下,找到持續學習的方法。

完整團隊的敏捷實踐可以支援這個期望。

教導

身為 CTO，我期望你能夠教導別人。是的，最好的學習方式就是教導他人。所以每當有新成員加入團隊時，請教導他們。要試著去學習如何互相教導。

完整團隊的敏捷實踐再次支援了這個期望。

權利宣言

在雪鳥會議期間，Kent Beck 說敏捷的目的就是為了彌合企業與開發之間的鴻溝。因此，Kent Beck、Ward Cunningham、Ron Jeffries 及其他人撰寫了以下的權利宣言（bill of rights）。

請注意，當你閱讀這些權利時，客戶的權利和開發人員的權利是彼此互補的。它們之間的關係就像手套跟手掌一樣。它們平衡了這兩人群體之間的期望。

客戶權利宣言

客戶的權利宣言，如下所示：

- 你有權利制定一個整體計畫，了解什麼時候可以完成，以及需要花費多少成本。

- 你有權利在每一次迭代中獲得最多的潛在價值。

- 你有權利查看一個正在執行的系統的進度，它能通過你所指定的可重複測試，以證明系統能正常運作。

- 你有權利改變主意、要求替換功能，以及修改優先順序，而無須付出過高的費用。

- 你有權利在時程表與估算發生變化時收到通知,以便及時選擇如何縮小範圍來滿足規定的日期。你可以在任何時候取消,並留下一個有用且可運作的系統,這個系統反映了你到目前為止所有的投資。

開發人員權利宣言

開發人員的權利宣言,如下所示:

- 你有權利知道明確的優先順序,藉此確定需要什麼。

- 你有權利隨時產出高品質的工作成果。

- 你有權利向同事、管理人員及客戶尋求協助並獲得幫助。

- 你有權利製作並更新自己的估算。

- 你有權利接受某些職責,而不是讓這些職責指派予你。

這些都是強而有力的宣言。我們會逐一討論它們。

客戶們

「客戶」(customer)這個詞彙在此時情境指的是一般的商務人士。這包括真正的客戶、管理人員、高階主管、專案負責人,以及任何負責時程表和預算的人,或那些為「系統的執行」付費並從中獲益的人。

> 客戶有權利制定一個整體計畫,了解什麼時候可以完成,以及需要花費多少成本。

很多人聲稱前期計畫（up-front planning）並不是敏捷開發的一部分。第一項客戶權利就證明這樣的說法是錯誤的。企業當然需要一個計畫，且這個計畫包含時程表和成本。當然在理論上，這個計畫必須既準確（accurate）又精確（precise）。

正是「計畫必須既準確又精確」這句話經常為我們帶來麻煩，因為要既準確又精確的唯一做法就是實際開發這個專案。想要既準確又精確卻什麼都不做，是不可能達成的。因此，為了確保客戶的這項權利，開發人員應該確定「計畫」、「估算」以及「時程表」皆適當地描述了不確定性的程度，並定義了可以降低這種不確定性的手段。

簡言之，我們無法同意在硬性規定的日期內交付固定的範圍。範圍或日期必須有一個是彈性的。我們利用機率曲線（probability curve）來表示這種彈性。舉例來說，我們估算在截止日期前完成前 10 個故事的機率是 95%；多完成 5 個故事的機率是 50%；再多完成 5 個故事的機率是 5%。

客戶有權利使用這種「以機率為奠基的計畫」，因為如果沒有這個計畫，他們就無法管理業務。

> **客戶有權利在每一次迭代中獲得最多的潛在價值。**

敏捷將開發工作拆分成一個個固定的時間盒，稱為**迭代**（iteration）。企業有權利期望開發團隊隨時都在最重要的事物之上工作，且每一次迭代都能盡量為他們提供最大的**可用**業務價值。這個價值的優先順序是由客戶在每次迭代開始的「計畫工作階段」（planning session）之中指定的。客戶選擇能夠為他們帶來最高投資報酬率的故事，這也能夠符合開發人員對迭代的估計。

> **客戶有權利查看「一個正在執行的系統」的進度，它能通過你所指定的可重複測試，以證明系統能正常運作。**

從客戶的角度來看，這是很明顯的。他們當然有權利看到增量式的進展。它們當然有權利指定驗收該進展的準則。他們當然有權利盡快且可重複查看「驗收條件得到滿足」的證明。

> 客戶有權利改變主意，要求替換功能，以及修改優先順序，而無須付出過高的費用。

畢竟這是軟體。軟體的目的就是能夠輕鬆變更機器的行為。彈性是軟體之所以被發明的主要原因。因此，客戶當然有權利修改需求。

> 客戶有權利在時程表與估算發生變化時收到通知，以便及時選擇如何縮小範圍來滿足規定的日期。

> 客戶可以在任何時候取消，並留下一個有用且可運作的系統，這個系統反映了客戶到目前為止的所有投資。

請注意，客戶沒有權利要求團隊配合時程表。他們的權利僅限於透過更改範圍來管理時程表。這項權利的重點是客戶有權利知道「時程表有危險」，以便能夠及時進行管理。

開發人員們

在目前的情境中，「開發人員」是指那些開發程式碼的人。這包括程式設計師、QA、測試人員與業務分析師。

> 開發人員有權利知道明確的優先順序，藉此確定需要什麼。

再次提醒，關鍵是**獲知**。開發人員有權利精確理解需求及需求的重要性。當然，實用性（practicality）的限制同樣適用於需求與估算。需求未必能做到完全精確，而客戶當然也有權利改變主意。

也就是說，這項權利只適用於「一次迭代」的情境之內。在迭代之外，需求和優先順序會有調整和變化。但是在迭代之內，開發人員有權利將它們視為不可變的。但是請永遠記住，如果開發人員認為某項變更無關緊要，他們可以選擇放棄這項權利。

開發人員有權利隨時產出高品質的工作成果。

這可能是所有權利中最強大的一個。開發人員有權利做好工作。企業沒有權利要求開發人員走捷徑或是產出低品質的工作成果。換言之，企業沒有權利強迫開發人員毀掉自己的專業信譽或違反自己的職業道德。

開發人員有權利向同事、管理人員及客戶尋求協助並獲得幫助。

幫助有多種形式。程式設計師之間會互相尋求協助，藉此解決問題、檢查結果、學習框架等等。開發人員可能會向客戶詢問更詳細的需求或更明確的優先順序。最重要的是，這項宣言賦予程式設計師溝通的權利。而既然有尋求協助的權利，當然也有為別人提供幫助的責任。

開發人員有權利製作並更新自己的估算。

沒有人能替你估算一個任務。如果你估算了一個任務，每當有新的因素出現，你都能更改你的估算。估算等同於猜測。雖然是有智慧的猜測，但它們仍然是猜測。它們是隨著時間而變得更好的猜測。估算永遠不等同於承諾。

開發人員有權利接受某些職責，而不是讓這些職責指派予他。

專業人士「接受」工作，而不是被指派工作。專業的開發人員擁有對任何工作或任務說「不」的權利。這可能是因為開發人員對自己完成任務的能力不具信

心，也可能是因為他們認為這項任務更適合其他人。或者，也可能是出於個人或道德方面的因素而拒絕接受任務[6]。

無論如何，「決定是否接受」的這項權利是有其代價的。「接受」就代表「責任」。接受責任的開發人員就要對任務的品質和執行負起責任，持續地更新估算，以便管理時程表，向整個團隊溝通狀態，並在需要的時候尋求協助。

在團隊中寫程式需要初階開發人員與高階開發人員密切合作。團隊有權利共同決定要做什麼。技術領導人（Technical Leader）可能會要求某位開發人員完成一項任務，但他沒有權利強迫任何人執行某項任務。

小結

敏捷是一個支援專業軟體開發的紀律框架（a framework of disciplines）。那些信守這些紀律的人接受並滿足管理人員、利益相關者與客戶的合理期望。他們也享受並遵循敏捷為開發人員和客戶帶來的權利。這種對權利和期望的彼此接受與互相協商——即這種專業的紀律——正是軟體道德標準的基礎。

敏捷不是一種流程，敏捷也不是一種時尚。敏捷不僅僅是一套規則。更確切地說，敏捷是一組權利、期望和紀律，共同形成了專業道德的基礎。

---

[6]　以 Volkswagen（福斯汽車）的開發人員為例，他們「接受了」在加州欺騙 EPA 測試台的任務：https://en.wikipedia.org/wiki/Volkswagen_emissions_scandal。

第 3 章

業務實踐

為了成功，軟體開發必須遵循許多業務方面的實踐（business-facing practices）。這些實踐包括規畫（Planning）、小型發布（Small Release）、驗收測試（Acceptance Test）及完整團隊（Whole Team）。

規畫

你該如何估算一個專案呢？最簡單的答案是把它分解成幾個部分，然後估算它們。這是一個很好的做法；但是如果分解之後的部分還是太大，無法準確估算，又該怎麼做？你還是可以繼續把它們分解成更小的部分，然後估算它們。我敢說你現在聞到了遞迴下降（recursive descent）的臭味。

可以分解到什麼樣的程度呢？你可以分解到每一行的程式碼。實際上，這就是程式設計師在做的事情。程式設計師就是那些擅長將任務，分解成一行行獨立程式碼的人。

如果你想要既準確又精確地對專案進行估算，就必須將它分解成獨立的單行程式碼。花費在這上面的時間可以給你一個**非常**準確又精確的測量，讓你知道需要花費多長時間完成這個專案 —— 因為你已經完成了。

當然，那樣就失去**估算**的意義了。估算是一個猜測。我們想知道完成這個專案需要多長時間，而不用真正建置一個專案。我們希望估算成本是低的，因此從定義上來說，估算是**不精確的**（imprecise）。正是這種不精確性，讓我們能夠縮短估算所花費的時間。估算越不精確，所需的時間就越短。

這並不是說估算應該是**不準確的**（inaccurate）。估算應該盡量準確，但只在必要時精確，以便保持較低的估算成本。讓我舉一個例子：我估算「我的臨終時刻」會在將來的一千年內到來。這是完全準確的，但卻非常不精確。我可以不經思考就建立這個準確的估算，但不精確性實在太大了。準確卻不精確的估算，這代表被估算的事件在「某個時間範圍內」幾乎肯定會發生。

對於軟體開發人員來說，技巧就是：花費少量的時間來選擇保持準確的最小範圍。

三元分析

有一種非常適合大型任務的技術，即三元估算（trivariate estimation）。這種估算由三個數字組成：最佳情況（best-case）、正常情況（nominal-case）、最壞情況（worst-case）。這些數字都是**信心**（confidence）的估算。最壞情況是指你有「95% 的把握」能夠完成這項任務的時間；正常情況是指你有「50% 的把握」；最佳情況則是「只有 5% 的把握」。

舉例來說：我有 95% 的把握能夠在三個星期內完成任務；我有 50% 的把握能夠在兩個星期內完成任務；而我只有 5% 的把握能夠在一個星期內完成任務。

這種估算的另一種理解的方式是：給予 100 個相似的任務，其中的 5 個會在一個星期內完成，50 個會在兩個星期內完成，95 個會在三個星期內完成。

關於三元估算的管理有一套完整的數學方法。如果你感興趣，我鼓勵你研究 PERT（program evaluation and review technique，計畫評核術）[1]、[譯註]。這是管理大型專案和專案組合（portfolio）的強大方法。若你沒有學過這項技術，請不要自以為明白了。除了你可能很熟悉的那些 Microsoft Project 圖表之外，PERT 還有很多其他內容。

---

[1] https://en.wikipedia.org/wiki/Program_evaluation_and_review_technique

譯註：讀者可以參考國家教育研究院網站上的定義：https://terms.naer.edu.tw/detail/1307927/。

雖然三元分析對整個專案的長期估算來說是非常強大的，但這項技術對於「專案內部」的日常管理（day-to-day management）來說，還是不太精確。為此，我們將使用另一種做法：**故事點數**（story point）。

故事和故事點數

故事點數這項技術處理準確性和精確性的做法，是使用一個非常緊密的回饋迴圈：根據現實狀況迭代地校正估計值。一開始的不精確性很高，但在幾個週期之後，不精確性就會降低至可管理的程度。不過，在討論故事點數之前，先讓我們說明一下「故事」。

使用者故事（user story）是對系統某項功能的簡短描述，並從使用者的角度來說明。例如：

> 身為一位汽車司機，為了提高我的速度，我會用力踩下油門踏板。

這是使用者故事最常見的形式之一。有些人喜歡它，有些人則喜歡更精簡的形式：**加速**。兩種形式都很好。它們都只是用來深入討論的暫時替代品（placeholder）。

很多對話還沒有發生。只有當開發人員即將開發這個功能時，對話才會開啟。不過，從撰寫使用者故事的那一刻，對話就已經開始了。開發人員在當下和利益相關者討論故事的一些可能細節，然後採用簡單的語句把它寫下來。

語句是簡潔的，而且細節被省略了，因為現在確認細節還為之過早。我們希望盡量延遲這些細節的說明，直到故事開始開發的時候。因此，我們只留下簡短的故事，並將它視為未來展開詳盡討論的承諾[2]。

通常，我們把故事寫在索引紙卡（index card）上。我知道你心裡在想什麼，為什麼還要使用這種古老又原始的工具？我們已經有電腦和 iPad 了耶。事實上，能夠將紙卡拿在手中、在桌面上互相傳遞、在紙卡上畫圖並以各種方式利用它們，這是非常有價值的做法。

自動化工具有其用武之地，我將在另一章討論它們。但現在我們先把這些故事想像成索引紙卡吧。

請記住：第二次世界大戰是用索引紙卡管理的[3]，所以我認為這項技術也適合管理大型專案。

ATM 的故事

想像一下，這是迭代 0（Iteration Zero），我們身處一個正在撰寫「ATM（自動櫃員機）故事」的團隊。它的故事有哪些呢？我們很容易聯想到幾個：**提款**、**存款**和**轉帳**。當然，你還必須在 ATM 上驗證你自己的身分。我們可以稱這些為**登入**（Login），而這意味著還有**登出**（Logout）。

現在我們有 5 張紙卡。一旦我們真正開始探索 ATM 的行為，肯定還會有更多張紙卡，例如稽核任務、貸款任務等等。但我們目前只關注這 5 張紙卡。

---

[2]　這是 Ron Jeffries 對故事的定義之一。

[3]　好吧，至少是某種程度上啦。

紙卡上面寫了什麼？只有前述的那些詞彙，即**提款**、**存款**、**轉帳**、**登入**、**登出**。當然，在我們探索的過程中不會只「說過」這些詞彙。我們在會議中討論了許多細節。我們提到使用者登入的方式：使用者將卡片插入插卡槽，然後輸入密碼。我們也提到一種存款的方式：把信封放入存入口，在信封上有我們列印的識別標記。我們討論了如何提取現金，以及如果現金被卡住（或者鈔票用完了）該怎麼辦。我們考慮了許多諸如此類的細節。

但是我們還不太相信這些細節，所以我們沒有把它們寫下來。我們只寫下一些詞彙。如果你怕忘記一些議題，想在紙卡上留下一些筆記也是可以的，但這些並不是需求。紙卡上面不會有任何正式的東西。

這種對細節的抗拒是一項**紀律**，做起來十分不容易。團隊中的每個人總會認為有必要以某種方式捕捉所有細節，請抵制這樣的衝動！

我曾經和一位專案經理一起合作，他堅持要在故事紙卡上寫下每一個故事的每一條細節，紙卡上面滿滿都是密密麻麻的小字。這樣的紙卡讓人完全看不懂，而且無法使用。太多細節導致無法估算，也無法排程。這些紙卡是沒有用處的。更糟糕的是，由於在這些故事紙卡上面花費了太多精力，後來也捨不得把它們丟棄。

正是由於暫時缺少了細節，才讓故事可管理、可計畫和可估算。故事必須以低成本的形式開始，因為很多故事都將被修改、分解、合併甚至是捨棄。請記得不斷提醒自己：它們只是暫時替代品（placeholder），並不是真正的需求。

現在我們擁有在迭代 0（Iteration Zero）階段建立的一些故事紙卡了。之後遇到新功能和新想法時會再建立更多。事實上，建立故事的過程是永不停止的。在專案發展的過程中，我們會持續地撰寫、修改、丟棄以及（最重要的是）開發故事。

估算故事

請想像一下,這些紙卡現在就在你眼前的桌子上,桌子周圍則坐著其他開發人員、測試人員和利益相關者。你們在此聚集,目的是為了估算這些紙卡。以後還會有很多次像這樣的會議。每當有新的故事加入,或學到了關於舊故事的新知識時,就會召開這樣的會議。像這樣的會議不用非常正式,但應該在每一次迭代中發生。

然而現在仍是迭代 0(Iteration Zero)階段的初期,而這是我們第一個估算會議。所有的故事都還沒有被估算過。

於是我們從中選了一個,我們認為它具有平均複雜度的故事。例如像是**登入**故事。當初撰寫這個故事的時候,我們都在場,所以我們都聽到利益相關者描述這個故事的部分細節。現在,我們希望讓利益相關者重新檢視這些細節,以使我們都有適當的理解。

然後,我們為這個故事選擇故事點數。**登入**故事將花費 3 個故事點數的開發工作量(effort)(圖 3.1)。你說為什麼是 3?我會反問為什麼不是?**登入**是一個平均複雜度的故事,所以我們給它一個平均的成本(cost)。如果我們的故事成本範圍是 1 到 6 的話,3 就是平均值。

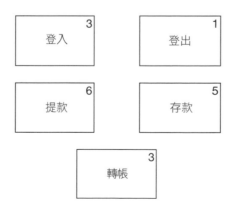

圖 3.1 「登入」故事分配到 3 個故事點數

登入現在是我們的**黃金故事**（Golden Story），我們使用它作為估算其他故事的標準。舉例來說，登出要比登入簡單許多，所以我們給**登出**故事 1 個故事點數。**提款**的困難度可能是**登入**的兩倍，所以我們給它 6 個故事點數。**存款**與**提款**類似，但沒有那麼難，所以我們給它 5 個故事點數。最後，**轉帳**跟**登入**差不多複雜，所以我們給它 3 個故事點數。

我們把這些數字寫在我們估算的每一張故事紙卡的上方角落。稍後我會詳細說明估算的流程。現在，我們只有這些故事紙卡，它們估算的故事點數範圍是從 1 到 6。你問為什麼是從 1 到 6？我還是會反問為什麼不是？分配成本的做法有很多種，通常越簡單的做法越好。

這時你可能會問：這些故事點數究竟在測量什麼？也許你會認為它們是小時、天數、星期或其他的時間單位。

這些都不是。它們是工作量的單位，而非真實的時間。它們甚至不是估算的時間 —— 它們是估算的**工作量**。

故事點數大致上是線性的。2 個故事點數的紙卡所需要的工作量，大概是紙卡上有 4 個故事點數的一半。但故事點數與工作量之間也不一定是完美的線性關係。請記住這些是**估算**，所以精確性是故意放得很寬。Jim 可能需要花費兩天時間實作一個故事點數為 3 的故事，如果他在公司沒有被 bug 分心的話。但 Pat 如果是在家工作的話，可能只需要花費一天時間。這些數字是模糊、不明確、不精確的，與真實的時間沒有直接關係。

但模糊又不明確的數字有其美麗之處，稱之為「大數法則」（Law of Large Numbers）[4]。當數量變大時，不明確之處就消失了！稍後我們將會利用這個特性。

計畫迭代 1（Iteration One）

與此同時，是時候計畫第一次迭代了。迭代從 IPM（Iteration Planning Meeting，迭代計畫會議）開始。這個會議應該安排為「迭代持續時間」的二十分之一。對於兩個星期的迭代而言，IPM 大約需要半天時間。

整個團隊都需要參加 IPM，這包括利益相關者、程式設計師、測試人員及專案經理。利益相關者必須事先閱讀已估算的故事，並按照業務價值為它們排序。有些團隊會為業務價值標上數字，就像故事點數技術一樣。其他團隊只是用眼睛評估業務價值。

在 IPM 中，利益相關者的工作是要選擇那些在迭代過程中，將由程式設計師和測試人員實作的故事。為此，利益相關者需要知道程式設計師認為自己可以完成多少個故事點數。這個數字稱之為**速率**（velocity）。當然，因為這是第一次迭代，沒有人真正知道速率是多少。讓我們做一個猜測吧，我們猜測的數字是 30。

重要的是，要明白速率並不是一個承諾。團隊並沒有承諾要在迭代過程中完成 30 個故事點數。他們甚至沒有承諾要「嘗試」完成 30 個故事點數。這個數字只是他們的最佳猜測，關於迭代結束之前將會完成多少個故事點數。而這個猜測並不是很準確的。

---

[4]　https://en.wikipedia.org/wiki/Law_of_large_numbers

投資報酬率

現在，利益相關者開始玩四象限遊戲（圖 3.2）。

圖 3.2　四象限遊戲

首先應該實作那些有價值但低成本的故事，稍後再實作那些有價值但高成本的故事。至於那些沒價值又不昂貴的故事也許某一天會做，而那些沒價值卻昂貴的故事則應該永遠不做。

這是一個 ROI（Return on Investment，投資報酬率）的計算。這不是正式的計算，也不需要使用數學。利益相關者只需要看一下紙卡，就可以根據其價值及估算成本做出判斷。

例如，利益相關者可能會說：『雖然登入很重要，但它的成本也很高，我們可以等一下再做。登出也很重要，而且它的成本不高，我們現在就做吧！提款成本很高 —— 非常非常高，但我們一開始的確需要炫耀這項功能，我們也實作它吧！』

這就是過程。利益相關者會從一堆故事中找出那些 CP 值最高、投資報酬率最高的故事。當選出的故事累積到 30 個故事點數時，他們就會停下來。這就是迭代的計畫。

中點檢查

讓我們開始著手吧，之後我會詳細說明開發「故事」的流程。現在，只需要想像有這樣一個程序，它會把所有的故事轉換成可運作的程式碼。就好像把一堆故事紙卡從**計畫**中移動到**已完成**。

在迭代的中點（midpoint），許多故事應該已完成。這些故事的故事點數總和應該是多少呢？沒錯，就是 15。要完成這個流程，你必須把故事點數除以二。

於是我們召開中點檢視會議（midpoint review meeting）。現在是星期一早上，即迭代第二個星期的第一天。團隊成員與利益相關者聚集在一起，他們在討論進度。

喔，總共只完成 10 個故事點數，但迭代只剩一個星期，團隊不可能再完成 20 個故事點數。因此，利益相關者從計畫中刪除了足夠的故事，讓它只剩下 10 個。

到了星期五下午，這次迭代以一次 Demo 作結，最後只有 18 個故事點數完成。那麼這個迭代失敗了嗎？

並沒有！**迭代不會失敗**。迭代的目的是為管理人員產生資料。如果迭代產生了可運作的程式碼，那當然很好，但即使沒有產生任何程式碼，迭代依然產生了資料。

昨日的天氣

現在我們知道一個星期可以完成多少個故事點數：18 個。星期一的時候，即下一次迭代開始之際，利益相關者應該計畫多少個故事點數呢？當然是 18 個。這就是所謂的**昨日的天氣**（Yesterday's Weather）。預測今日天氣的最好方法，就是預測會跟昨日的天氣一樣。預測下一次迭代進度的最好方法，就是預測會跟上一次的迭代一樣。

因此在這次 IPM 中,利益相關者選擇的故事加起來有 18 個故事點數。但是這次在中點檢視時,發生了一件奇怪的事情:團隊完成了 12 個故事點數。我們應該告訴利益相關者嗎?

沒有必要,他們自然會看到。於是利益相關者在計畫中又增加了 6 個故事點數,現在計畫的總數是 24 個故事點數。

這次迭代結束時,團隊實際上只完成了 22 個。因此,下一次迭代將規劃完成 22 個故事點數。

專案結束

就這樣持續進行。每次迭代完成時,完成的速率將會新增到速率圖中,這樣每一個人都可以看到團隊有多快。

想像這個流程持續下去,一個迭代接著一個迭代,一個月又過一個月。那一堆故事紙卡現在怎麼了?可以將迭代週期想像成一個泵浦(pump),它不斷從這堆紙卡中抽出 ROI。而對需求的持續探索也是一個泵浦,它不斷將 ROI 灌回那堆紙卡。只要輸入的 ROI 大於輸出的 ROI,專案就會繼續下去。

然而,在探索中發現的新功能數量,將逐漸下降為零。發生這種情況時,故事紙卡中那些剩下的 ROI 將會在幾次迭代之後被耗盡。這天終究會來臨:當利益相關者在 IPM 中檢視那堆故事紙卡,想找出一些值得做的事情,但卻一無所獲時,這個專案就結束了。

並非實作完所有的故事,專案才算結束。當故事紙卡中已沒有任何值得實作的故事時,專案才算是真的結束了。

專案結束之後，故事紙卡中那些剩下的事物有時會令人感到驚艷。我曾經在一個為期一年的專案中工作，其中「第一個寫下的故事」就是整個專案的名稱，然而這個故事卻從未被實作。雖然這個故事在當時很重要，但還有更多更急迫的故事需要實作。當所有緊急的故事都開發完畢之後，最初的那個故事已經不重要了。

故事

使用者故事是最簡單的陳述，我們使用這些陳述作為功能的提醒。撰寫故事的時候，我們盡量不要記錄太多細節，因為我們知道這些細節有可能會變化。細節之後還是會被記錄下來，不過是以驗收測試的形式（稍後會再討論它）。

故事遵循一組簡單的指導方針（guideline）。這組指導方針的首字母縮寫是 INVEST。

- I：獨立（Independent）。使用者故事應該彼此獨立。這代表實作它們時不需要遵循特定的順序。例如：「登入」不一定要在「登出」之前實作。

這是一個軟性的需求，因為很有可能有一些故事，它們依賴於其他故事是否先被實作。例如，如果我們在定義**登入**的時候，沒有考慮**忘記密碼**或**密碼恢復**的情境，那麼很顯然**取回密碼**或多或少會依賴於**登入**功能。即便如此，我們還是嘗試將故事分開，讓它們之間的依賴性越小越好。這樣我們才能按照業務價值的順序實作故事。

- N：可協商（Negotiable）。這是我們不在紙卡上寫下所有細節的另一個原因。我們希望開發人員和企業之間可以針對這些細節做協商。

舉例來說，企業可能會要求為某些功能提供一個花俏的拖拉式介面。開發人員可以建議使用更簡單的複選框風格，並解釋這樣做的成本更低一些。像這

樣的協商是很重要的，因為透過這樣的協商，企業才能理解如何管理開發軟體的成本。

- V：有價值（Valuable）。對於企業來說，使用者故事必須有明確和可量化的價值。

重構永遠不可能是一個故事。架構永遠不可能是一個故事。程式碼清理永遠不可能是一個故事。故事永遠是一個有業務價值的東西。別擔心，我們**稍後**會討論重構、架構和清理 —— 但不會以故事的形式討論。

這通常意味著一個故事將貫穿系統的所有層級。它可能涉及一點點 GUI、一點點中介軟體，以及一些資料庫工作等等。你可以將故事想像成一個垂直的切片，它垂直地貫穿整個系統的各個水平層。

業務價值的量化可以是非正式的。有些團隊可能會使用「高／中／低」來測量業務價值；有些團隊則是使用「1 到 10」的十分等級來測量。使用什麼樣的測量方式都可以，只要你可以將價值有顯著差異的故事區分開來。

- E：可估算（Estimable）。使用者故事必須足夠具體，好讓開發人員可以進行估算。

諸如『*系統必須要快*』之類的故事是無法估算的，因為它過於開放；它是所有故事背後都必須實作的需求。

- S：小（Small）。使用者故事不應該大於「一或兩位開發人員在一次迭代中可以實作的工作量」。

我們不希望整個團隊在整個迭代中就只實作一個故事。一個迭代中包含的故事數量，應該與團隊中開發人員的數量大致相等。如果一個團隊中有 8 位開發人員，那麼每個迭代應該包含 6 到 12 個故事。但你也別在這點上過於糾結，這更像是一個指導方針而不是規則。

- T：可測試（Testable）。業務應該要提出測試，通過這些測試代表故事已經
  完成。

一般來說，這些測試將由 QA 撰寫、使之自動化，並用於確認故事是否已經完成。
稍後我們將針對這個部分做進一步討論。現在只需要記住，一個故事必須足夠
具體，以致於可以用測試加以說明。

這似乎與上面的 N 互相矛盾，但其實不然。因為撰寫故事時，我們不需要知道
怎麼測試。我們需要知道的是可以在適當的時機編寫測試。舉例來說，即便不
了解**登入**的所有細節，我還是**知道**這是可測試的，因為**登入**是一個具體的操作。
另一方面，像是**可使用**（Usable）之類的故事就是不可測試的。E 和 T 確實是密
切相關的。

故事估算

有很多可以估算故事的方法。其中大多數都是傳統 Wideband Delphi[5]估算方法的
變形。

其中最簡單的一種方法稱之為 **Flying Fingers**（伸手指）。開發人員坐在桌子周
圍，閱讀一個故事，然後在必要時與利益相關者討論。開發人員將一隻手放在
背後看不到的地方，用手指比數字來表示他們認為這個故事應該有多少個故事
點數，然後所有人倒數 1、2、3，接著同時把手伸出來。

如果每個人伸出的手指數相同，或是數字偏差很小且有一個明顯的平均值，那
麼就把該數字寫在故事紙卡上，然後繼續估算下一個故事。但如果大家伸出的

5　https://en.wikipedia.org/wiki/Wideband_delphi

手指數存在明顯分歧，那麼開發人員將討論原因，然後重複該過程，直到達成共識。

可以用**襯衫尺碼**（Shirt Sizes）的方法來估算故事：S、M、L。如果你想使用五根手指，也沒有問題。另一方面，如果估算超過了五根手指，那也是很荒謬的。請記住，我們希望做到準確，但不必過於精確。

計畫撲克牌（Planning Poker）[6]是一種類似的技術，但需要使用撲克牌。市面上有很多流行的計畫撲克牌。大多數的計畫撲克牌使用某種費式數列，其中流行的組合是以下這些數字的牌：?、0、½、1、2、3、5、8、13、20、40、100 和∞。如果使用這樣的牌組，我會建議拿掉其中絕大部分的牌。

費式數列其中一個優點是它允許團隊估算更大的故事。例如，你可以選擇 1、2、3、5 和 8，這將為你提供 8 倍的估算範圍。

你可能還希望撲克牌包含 0、∞和?。在 Flying Fingers 中，你可以使用拇指向下、姆指向上和張開手來表示這些符號。0 表示微小到無法估算。請謹慎使用 0！你或許會希望把幾個故事合併成一個更大的故事。∞（無窮大）表示大到無法估算，此時故事應該要分解。?（問號）表示你根本不知道，這代表你需要**探針**（Spike）。

分解、合併和探針

合併（Merge）故事很簡單。你可以把幾張紙卡夾在一起，把它們當成一個故事，只需把所有故事點數加起來即可。如果其中有故事點數為 0 的故事，請使用你的最佳判斷來加總它們。畢竟 5 個點數為 0 的故事相加起來，總和未必是 0。

---

[6]　Grenning, J. W. 2002. Planning Poker or how to avoid analysis paralysis while release planning. 文章網址：https://wingman-sw.com/articles/planning-poker。

分解（Split）故事就比較有趣一些，因為你需要保持 INVEST 指導方針。這是一個分解故事的簡單範例：以**登入**功能為例，如果想把它分解成更小的故事，我們可以建立**無密碼登入**、**只允許一次登入嘗試**、**允許多次登入嘗試**和**忘記密碼**等等。

你很難找到無法分解的故事。對於那些大到必須分解的故事來說，尤其如此。請記住，程式設計師的工作是將故事分解成一行行程式碼。因此分解永遠是可行的。真正的挑戰是要堅持 INVEST 指導方針。

探針是一個 meta-story（元故事），或稱之為「用來估算一個故事的故事」。之所以稱作探針，是因為我們常常需要開發一個又長又薄的切片，用來貫穿系統的所有分層。

假設有一個你無法估算的故事，例如**列印 PDF**（Print PDF）。為什麼你不知道如何估算呢？因為你以前從未使用過 PDF 函式庫，你不確定它的工作方式。所以你撰寫了一個新故事，名為**估算列印 PDF**。現在你可以估算這個新故事，這相對容易一些。總而言之，你知道你需要做的就是釐清 PDF 函式庫的工作方式。這兩個故事都會放進故事紙卡堆裡面。

在將來的 IPM 中，利益相關者可以決定進行**列印 PDF** 紙卡，但因為探針的存在，他們不能這樣做。他們必須先進行探針紙卡。如此一來，開發人員將能夠完成必要的工作量，來估算原來的故事，這可以在將來的迭代中進行。

管理迭代

每次迭代的目標是透過完成故事來產生資料。團隊應該關注故事（而非故事中的任務）。完成 80% 的故事比每個故事都完成 80% 要好得多。請專注在推動故事的完成。

計畫會議結束之際，程式設計師們應該各自選擇各自應該負責的故事。有些團隊會選擇最初的故事，把剩餘的故事放到故事紙卡堆中，等最初的故事完成之後再來做選擇。無論如何，故事都是由每位程式設計師選擇的，並且屬於他們。

管理人員和專案領導人可能會想要把故事分配給程式設計師。請避免這種情況。最好的做法是讓程式設計師們自行協商。

舉例來說：

Jerry（老手）：如果大家不介意的話，我來做「登入」和「登出」吧。這兩個功能應該要一起做。

Jasmine（老手）：我沒有意見，不過你要不要和 Alphonse 一起結對做「資料庫」的部分？他一直很想做我們的 event-sourcing（事件溯源）風格，「登入」的難度不高，是入門的好選擇。Alphonse，你覺得呢？

Alphonse（新人）：聽起來很棒，和 Jerry 一起做過一遍，我應該就可以開始做「提款」功能了。

Alexis（首席程式設計師）：要不我來做「提款」功能吧？Alphonse，你可以跟我一起結對，然後你就可以開始做「轉帳」功能了。

Alphonse：喔，好啊。這樣做可能更合理。小步小步走，對吧？

Jasmine：是的，Alphonse。這樣就只剩下「存款」功能了，就由我來做吧。Alexis，你應該跟我一起做 UI 的部分，因為我們的故事很類似。我們應該可以共享一部分的程式碼。

在這個範例中，你可以看到首席程式設計師如何引導懷有抱負的新人，不讓新人承擔多過於他可以負荷的工作量，以及團隊如何協作選擇故事。

QA 和驗收測試

如果 QA 尚未開始編寫自動化驗收測試，他們應該在 IPM 結束時馬上開始。計畫中要早先完成的故事，它們的測試也應該儘早完成。我們不希望讓「已完成的故事」等待驗收測試的編寫。

驗收測試的編寫應該迅速。我們希望在迭代的中點之前完成所有驗收測試的編寫。如果沒有在中點之前準備好所有的驗收測試，那麼部分開發人員應該停止處理故事，並開始編寫驗收測試。

這代表有些故事無法在這次迭代之中完成，但故事在沒有驗收測試的情況下也是無法完成的。請確保負責開發該故事的程式設計師，不會負責編寫該故事的驗收測試。如果 QA 一直錯過中點的截止日期，那麼有可能是 QA 工程師和程式設計師之間的人員比例有問題。

在中點之後，假設所有的驗收測試都已經完成，QA 應開始著手處理下一次迭代的驗收測試。這是有點投機的做法，畢竟下一次的 IPM 還沒有發生，但利益相關者可以提供指引，預測下一次最有可能被選擇的故事。

開發人員和 QA 應該針對這些測試進行深入探討。我們不希望這一側的 QA 隨便地「把測試扔過牆面」給另一側的開發人員。反之，他們應該針對測試的結構進行協商、協作編寫測試，甚至結對撰寫測試。

隨著迭代中點逼近，團隊應該嘗試完成故事，以便進行中點檢視。隨著迭代來到尾聲，開發人員應該嘗試讓剩下的故事通過各自的驗收測試。

「完成」的定義是：通過驗收測試。

在迭代的最後一天，可能需要做出困難的決定，例如哪些故事是一定要完成的、哪些是必須放棄的。這樣做是為了重新分配團隊的工作量，來盡量完成更多的故事。我們不希望在迭代結束時擁有兩個「只完成一半」的故事，我們更希望犧牲其中一個故事，確保另一個故事可以完成。

我們要的不是快速。我們追求的是具體、可測量的進度。這與可靠的資料有關。當一個故事通過所有的驗收測試時，這個故事就完成了。然而，當一位程式設計師說「這個故事完成了 90%」時，我們真的不知道這個故事距離完成有多近。因此，我們唯一要在速率圖上回報的，就是那些已經通過驗收測試的故事。

Demo

迭代結束在「向利益相關者簡短 Demo 新的故事」的時候。根據迭代的規模，這次會議的時間不可超過一、兩個小時。Demo 中應該展示所有執行的驗收測試（包括所有**先前**的驗收測試）以及所有的單元測試。它也應當展示新增加的功能。最好是由利益相關者自己來操作系統，這樣就不會讓程式設計師企圖隱藏那些無法工作的功能。

速率

迭代的最後一步是更新速率圖和燃盡圖（burn-down chart）。只有那些通過驗收測試的故事點數會被記錄在這些圖中。經過幾次迭代之後，這兩張圖都將開始出現一條斜線（slope）。燃盡圖的斜線可以預測下一個主要里程碑（major milestone）的日期；速率圖的斜線則告訴我們團隊管理得有多好。

速率圖的斜線有很多雜訊,尤其是在早期迭代中,因為團隊需要釐清專案的基礎。但在幾次迭代之後,雜訊應該就會降至一定程度,讓平均速率變得明顯。

我們期望在最初的幾次迭代之後,斜率會變為零 —— 亦即呈現水平線。長遠來看,我們不期望團隊加速或是減緩速率。

速率上升

如果我們看到正的斜率(positive slope),這**未必**代表團隊實際上正快速前進。這可能是因為專案經理施加壓力,要求團隊加速。隨著壓力越來越多,團隊會下意識地修改他們的估算值,使其看起來像是前進得更快速。

這就是簡單的通貨膨脹。故事點數就是一種貨幣,團隊在面臨外部壓力的情況下讓它貶值。明年再回到這個團隊,他們每次迭代都會得到數百萬個故事點數。這裡的教訓是速率是「**測量**」而非「**目標**」。這是控制理論入門(control theory 101):不要對「你要測量的東西」施加壓力。

在 IPM 中估算迭代的目的只是為了讓利益相關者知道「**可能有多少個故事可以完成**」。這有助於利益相關者選擇故事,也能幫助他們計畫。但那個估算並不是承諾,即使實際的速率較低,團隊也不算失敗。

請記住,唯一失敗的迭代是無法產生數據的迭代。

速率下降

如果速率圖顯示了一個持續的負斜率(negative slope),最有可能的原因是程式碼的品質。團隊所做的重構可能不夠,並眼睜睜地看著程式碼腐爛。團隊重構不足的其中一個原因,是他們沒有撰寫足夠的單元測試,所以他們擔心重構會損壞那些原本可以好好運作的東西。管理這種對變更的恐懼,是團隊管理的一個首要目標,而這一切都取決於測試紀律。稍後我們會探討更多。

隨著速率降低，團隊身上的壓力也增加了。這會導致故事點數的通貨膨脹。這樣的通貨膨脹會隱藏下降的速率。

黃金故事

避免通貨膨脹的一種方式是不時將「故事的估算值」與「原來的黃金故事」做比較，這個**黃金故事**（Golden Story）就是測量其他故事的標準。還記得**登入**就是我們「原來的黃金故事」吧？它的估算值是 3。如果有一個新故事，如**修復選單項目中的拼寫錯誤**（Fix Spelling Error in Menu Item），它的估算值是 10，你就會知道通貨膨脹發生了。

小型發布

小型發布的實踐建議開發團隊應該盡量頻繁地發布他們的軟體。在 1990 年代尾聲，即敏捷的早期，我們認為這意味著一、兩個月發布一次。如今，發布週期已縮短了非常非常多。事實上，現在的目標是無限短。新的目標當然是**持續交付**（Continuous Delivery）：每一次更改之後就將程式碼發布到正式環境之中。

這個描述可能會引起誤會，因為「持續交付」這個說法聽起來就像是我們只想要縮短「交付」的週期。實際上，我們希望縮短的是**所有的**週期。

不幸的是，在縮短週期這方面存在著很明顯的歷史慣性。這種慣性與我們以前管理原始碼的方式有關。

原始碼控制的簡史

原始碼控制（source code control）的故事，就是週期及其規模的故事。它開始於 1950 和 60 年代，當時的原始碼是保存在打孔紙卡（punched card）上（圖 3.3）。

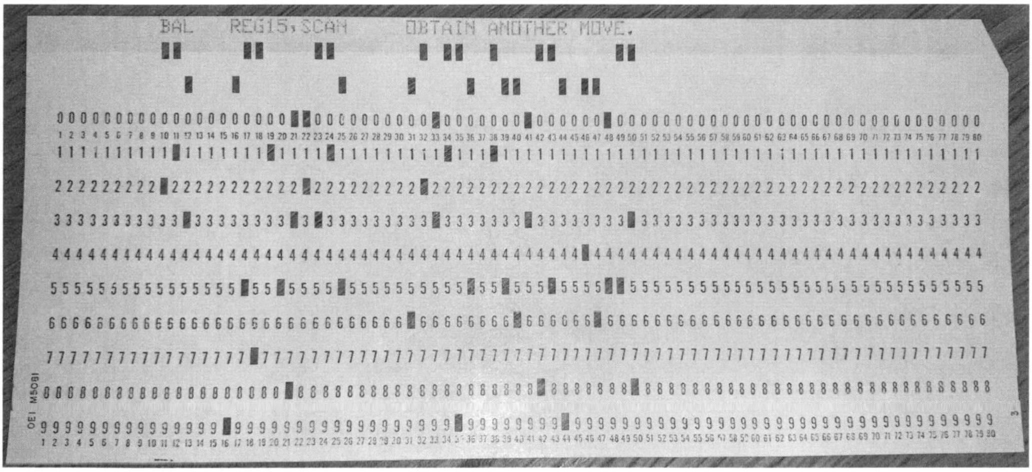

圖 3.3　打孔紙卡

那時候的我們都使用打孔紙卡。一張卡片可以容納 80 個字元，代表一行程式。程式本身就是一疊這樣的卡片，通常用橡皮筋綁在一起，放在盒子裡面（圖 3.4）。

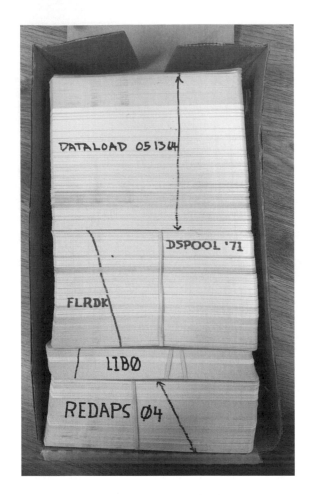

圖 3.4　盒子裡面的一疊打孔紙卡

程式的擁有者將那一疊卡片收納在抽屜或櫃子裡面。如果有人想要查看原始碼，在獲得擁有者的許可之後，他就可以從抽屜或櫃子中「check out」原始碼——字面意義上的 check out。

若你 check out 原始碼，那麼你是當下唯一一個可以更改原始碼的人，因為你是「實體上」的持有，沒有人可以碰它。當你完成後，你將那疊卡片還給擁有者，他再放回抽屜或櫃子裡面。

該程式的週期時間就是程式設計師「持有」該程式的那段時間，可能是幾天、幾週或幾個月。

磁帶

1970 年代，我們逐漸轉變為以磁帶（magnetic tape）來保存原始碼，取代原先的打孔紙卡。磁帶可以包含大量的原始碼模組，而且它們也很容易複製。編輯一個模組的步驟，如下所示：

1. 從母帶架上取出母帶（master tape）。

2. 把你要編輯的模組從「母帶」複製到「工作磁帶」（work tape）上。

3. 把母帶放回，讓其他人也可以存取其他模組。

4. 在「簽出板」（checkout board）上，將彩色大頭針釘到你要編輯的模組的名稱旁邊。（我的是藍色，我的上司是紅色，團隊中另一位程式設計師則是黃色。是的，我們最後沒有顏色可用了。）

5. 使用工作磁帶進行編輯、編譯和測試。

6. 再次取出母帶。

7. 將更改後的模組從「工作磁帶」複製到「母帶」的新副本之中。

8. 把「新的母帶」放到母帶架上。

9. 拿下你在簽出板上的大頭針。

同樣地，週期時間就是你的大頭針釘在簽出板上的時間，可能是幾個小時、幾天甚至是幾星期。只要你的大頭針還在簽出板上，誰都不可以觸碰你已經釘住的模組。

當然，那些模組還是在母帶上。必要時，其他人可以違反規則並編輯那些模組。因此，大頭針是一種規範，而不是物理性的阻礙。

磁碟與 SCCS

到了 80 年代，我們將原始碼轉移到磁碟（disk）。一開始，我們持續使用簽出板和大頭針。然後，一些真正的原始碼控制工具開始出現。我有印象的第一個是 SCCS（Source Code Control System，原始碼控制系統）。SCCS 的行為就像簽出板一樣：你把模組鎖定在磁碟上，不讓任何人編輯它。這種鎖定稱之為**悲觀鎖定**（pessimistic lock）。同樣地，週期時間就是鎖定的時間長度，可能是幾個小時、幾天或幾個月。

SCCS 後來被 RCS（Revision Control System，修訂控制系統）取代，RCS 後來被 CVS（Concurrent Versions System，並行版本系統）取代。它們都使用某種形式的悲觀鎖定，因此週期時間還是很長。但是，磁碟是比磁帶還要方便的儲存介質。把模組從「母帶」複製到「工作磁帶」的過程，誘惑著我們將模組維持在較大的規模，而磁碟則允許我們大大地縮小模組的規模。擁有許多個小模組，而不是一些大模組，這樣做並沒有不好。這有效率地縮短了週期時間，因為模組越小，你將其保留在簽出狀態的時間就越短。

但問題是系統的更改通常涉及許多模組的更改。某種程度上系統仍然是深度耦合，實際的簽出時間還是很長。我們當中的一些人學會了將模組解耦，以縮短簽出時間，然而大多數的人並沒有這樣做。

Subversion

然後 Subversion（SVN）出現了。這個工具提供了**樂觀鎖定**（Optimistic Lock）。樂觀鎖定其實並不是一個鎖。當一位開發人員簽出某個模組時，另一位開發人

員也可以同時簽出該模組。這個工具會對此進行追蹤,並自動將修改合併到模組裡。如果這個工具檢測到衝突(例如兩位開發人員更改了同一行程式碼),它會強迫程式設計師們先解決該衝突,然後才允許簽入(checkin)。

這極大幅縮短了週期時間,只剩下編輯、編譯和測試一系列小改動所需要的時間,但耦合仍是一個問題。一個緊密耦合的系統還是需要較長的週期時間,因為許多模組必須同時更改。然而,一個鬆散耦合的系統所需要的週期時間則短多了。簽出時間再也不是限制因子(limiting factor)。

Git 與測試

如今我們使用 Git。使用 Git 時,簽出時間已縮短為零。這個概念也就不存在了。反之,對一個模組的任何修改,都可以在任何時間提交(commit)。若這些提交之間出現了衝突,程式設計師們可以在自己想要的時間解決它們。「微小的已解耦模組」和「快速的提交頻率」,讓週期時間可以縮短至幾分鐘。以此為基礎,再加上全面的、快速執行的、幾乎可以測試任何功能的自動化套件,你就具備了**持續交付**的條件。

歷史慣性

不幸的是組織很難擺脫過去的行為習慣。幾天、幾個星期和幾個月的週期時間已深植在許多團隊的文化之中,甚至擴散到 QA、管理階層和利益相關者的期望。從這種文化來看,持續交付的概念是可笑的。

小型發布

敏捷試圖透過推動團隊不斷縮短發布週期,藉此打破這種歷史慣性(Historical Inertia)。倘若你現在每六個月發布一次,請嘗試每三個月一次,然後是每個月一次,接著是每星期一次。不斷縮短發布週期,使之逐漸逼近於零。

為此,組織需要打破發布和部署之間的耦合。「發布」這個術語的意思是軟體在理論上已經準備好,可以部署了。至於是否應部署,就儼然只是一個業務決策。

你可能已經注意到,我們用了相同的術語來描述迭代。迭代在理論上是可部署的。如果我們的迭代週期是兩個星期,但我們希望更頻繁地發布,那麼就必須縮短我們的迭代週期。

迭代可以逐漸縮短為零嗎?是的,它們可以。但這是另一個章節的主題了。

驗收測試

驗收測試是所有敏捷實踐當中最不被理解、最少使用,也是最令人困惑的實踐之一。這很奇怪,因為它的基本概念非常簡單:**企業應該要負責說明需求。**

問題當然是出在**說明**(specify)這個詞彙的涵義上。許多企業希望這個詞彙代表的意義是:他們只需要在空氣中比手畫腳,用模糊又籠統的形容來描繪他們期望的行為。他們希望開發人員自行釐清所有的細微末節。但許多程式設計師則希望企業**精確地**定義「系統應該做什麼」,最好能詳細到把每一個像素的座標和值都說明清楚。

而我們需要的,則是介於這兩個極端中間的某種東西。

所以什麼是規格(specification)呢?規格本質上就是一種**測試**。舉例來說:

> 當使用者輸入一個有效的使用者名稱和密碼,然後點擊「登入」時,系統將顯示「歡迎」頁面。

這很明顯是一個規格,同時也是一項測試。

而且很明顯，這個測試可以自動化。電腦沒有理由無法驗證這個規格是否被滿足。

這就是驗收測試的實踐。這個實踐說：只要可行，系統的需求應該寫成自動化測試。

但是請等一下！誰應該撰寫這個自動化測試呢？本節的第一個段落回答了這個問題：**企業應該要負責說明需求。**所以應該由企業來撰寫這些測試，是嗎？

但是請等一下！自動化測試必須編寫成某種形式的可執行語言。乍聽之下這似乎是程式設計師的工作，所以應該由程式設計師來撰寫這些測試，是嗎？

但是請等一下！若是由程式設計師撰寫這些測試，他們就不會是從業務的角度來撰寫。那會是充滿技術性細節的測試，只有程式設計師才能了解。這些測試並不能反映業務價值。所以還是應該由企業來撰寫這些測試，是吧？

但是再等一下！如果是由企業撰寫這些自動化測試，他們撰寫的方式可能不符合我們所使用的技術。程式設計師將不得不重寫測試，對吧？

現在你可以看到，為什麼這個實踐如此令人困惑了。

工具和方法論

更糟的是，這個實踐中充滿了各種工具和方法論。

為了讓業務人員更容易編寫自動化測試，程式設計師們撰寫了一堆工具來「幫助」他們。這些工具包括 FitNesse、JBehave、SpecFlow 和 Cucumber 等等。每一項工具都建立了屬於自己的形式主義（formalism），企圖把自動化測試的「技術方面」與「業務方面」分離開來。它們假設企業可以撰寫屬於業務端的測試，

程式設計師則可以撰寫膠水程式碼（glue code），將這些測試與「被測試的系統」綁定在一起。

乍看之下這似乎是一個好主意，且這些工具在分離方面做得很好。然而企業卻不願意參與。負責規格的業務人員對形式化的語言非常謹慎。他們通常希望使用人類的語言（如英語），來編寫他們的規格。

為了應付這樣的「不情願」，程式設計師們只好跳進來，為業務人員編寫驗收測試，並希望業務人員至少能**閱讀**形式化的文件。但這也不太成功，因為業務人員不喜歡形式化的語言。他們寧願看到系統真正運作，或者更好的是將驗證的工作委派給 QA。

行為驅動開發

千禧年之後，Dan North 開始重新定義 TDD，他將它命名為 BDD（Behavior-Driven Development，行為驅動開發）。他的目標是將「測試術語」從測試之中移除，讓測試看起來更像是業務人員能理解的規格。

一開始，這只是又一次將測試語言形式化的嘗試，當中使用了三個特定的副詞：Given（給定）、When（當）、Then（則）。有一些工具被建立或被修改來支援這種語言，如 JBehave、Cucumber 和 FitNesse。但隨著時間過去，它的重點從工具和測試轉移到了需求和規格。

BDD 的支持者建議，企業可以透過一種「形式化且基於情境的語言」（如 Given-When-Then）來說明他們的系統，並從中獲益，無論他們會不會把這些需求轉換為自動化測試。

這讓業務人員能夠以「形式化、精確的方式」描述需求，且無須遵守「編寫真正可執行測試」所涉及的技術需求。

實踐

雖然存在前述那些爭議與混亂，驗收測試的實踐其實是非常簡單的。企業編寫形式化的測試來描述每一個使用者故事的行為，開發人員則負責自動化這些測試。

這些測試是由業務分析師和 QA 在迭代的前半部分之前撰寫的。他們將在迭代的前半部分，開發要測試的故事。開發人員將這些測試整合到持續建置（continuous build）之中。這些測試將成為迭代中的故事，它們**完成的定義**（Definition of Done）。在驗收測試編寫完成之前，故事都不算明確說明，在驗收測試通過之前，故事都不算完成。

業務分析師和 QA

驗收測試是業務分析師、QA 和開發人員之間的協作。業務分析師負責說明滿意路徑（happy path），這是因為他們在程式設計師與利益相關者之間，有很多溝通的工作要做。

QA 則是負責撰寫不滿意路徑（unhappy path）。不滿意路徑比滿意路徑還要多得多。之所以僱用 QA 人員，就是因為他們有能力找出損壞系統的方法。他們是技術性很強的人員，可以預見使用者將對系統做出的各種光怪陸離的事情。他們也了解程式設計師的想法，知道如何戳破他們馬虎敷衍的謊言。

當然，開發人員也需要與 QA 和業務分析師合作，確保這些測試從技術的角度來看也是合理的。

QA

這當然完全改變了 QA 的角色。他們已經不是在專案後端工作的測試人員了，現在，他們是在專案前端說明規格的人。他們再也不會在專案尾聲提出關於錯誤

和疏漏的回饋，反之，他們將及早提供輸入給開發團隊，藉此避免錯誤和疏漏的發生。

此時，QA 必須承受很大的壓力。為了確保品質，QA 必須在迭代開始時就關注品質，而不是到迭代結束後才檢查合規性（compliance）。然而，QA 的職責並沒有因此減少，他們還是要判斷系統是否可以部署。

在專案的尾聲遺漏測試

把 QA 的工作移至一開始並進行自動化測試，這解決了另一個巨大的問題。如果 QA 在專案的尾聲手動測試，他們將成為專案的瓶頸。他們必須在系統部署之前完成他們的工作。沒有耐心的管理人員和利益相關者將催促 QA 快點完成測試，以便系統可以部署。

如果 QA 在專案的尾聲才開始工作，所有上游的延遲都會落在 QA 身上。如果開發人員交付給 QA 的時候延遲了，專案交付日期會有變化嗎？一般來說，交付日期的選擇都是依據重要的業務理由，延後這個日期的成本可能很高（甚至會帶來毀滅性的後果）。QA 就成為代罪羔羊了。

既然時程上並沒有安排時間讓 QA 測試系統，他們又該如何測試呢？QA 該怎麼做才會更快？很簡單：他們不會測試所有的東西，他們只會測試那些改變的部分。根據新增和更改的功能做影響分析，只測試那些受影響的地方，而不會浪費時間去測試那些沒有變化的部分。

於是你就遺漏了測試。在壓力之下，QA 直接跳過了所有的迴歸測試（regression test）。他們懷抱著希望，希望下一次能夠執行所有的迴歸測試。通常「下一次」永遠不會到來。

QA 病

然而,這還不是最糟糕的情況。若把 QA 放在工作流程的尾聲,組織如何得知他們是否有把工作做好呢?很簡單,看看他們發現了多少個缺陷(defect)。如果 QA 發現了很多個缺陷,他們顯然有把工作做好。QA 管理人員可以大肆宣揚自己的團隊發現了多少個缺陷,以此作為他們盡心盡力的明確證據。

於是「發現缺陷」這件事被認為是一件**好事**。

還有誰能夠從缺陷中獲得好處呢?在資深程式設計師之間有這樣的說法:『**你為我設定的任何期限我都能趕上,只要別要求軟體一定得正常工作就好。**』所以還有誰能夠從缺陷中獲得好處呢?正是那些需要趕上交付最後期限的開發人員。

什麼話都不必講,什麼協議都不用寫,雙方都明白他們可以從缺陷中獲得好處。一個缺陷的黑市經濟就此成形。這種疾病滲透到許多組織之中,即便它不是絕症,但它肯定會讓組織日漸衰弱。

開發員即是測試員

這些問題都可以透過驗收測試的實踐來治癒。QA 為迭代中的故事編寫**驗收測試**,但是 **QA 不會執行這些測試**。「驗證系統通過測試」並不是 QA 的工作。那是誰的工作呢?當然是程式設計師囉!

「執行測試」是程式設計師的工作。程式設計師的工作是確保他們的程式碼通過所有的測試,所以必須由他們來執行這些測試。執行測試是程式設計師確定他們的故事是否完成的唯一途逕。

持續建置

當然,程式設計師會設置一個持續建置伺服器(Continuous Build server)來自動化這個流程[7]。每一次程式設計師簽入一個模組時,這個伺服器都會執行系統中的所有測試,包括所有單元測試和驗收測試。後面討論「持續整合」的時候,我們會探討更多細節。

完整團隊

完整團隊的實踐最初稱之為**現場客戶**(On-site Customer)。這個概念是:使用者和程式設計師之間的距離越短,溝通就越好,開發就越快、越準確。**客戶**是一個隱喻,代表「理解使用者需求」及「與開發團隊共同協作」的某個人或某個團隊。理想情況下,客戶與團隊要坐在同一間辦公室裡。

在 Scrum 中,客戶稱之為**產品負責人**(Product Owner)。這個人(或一群人)負責挑選故事、設定優先順序,並即時提供回饋。

這個實踐後來更名為**完整團隊**(Whole Team),以便清楚地表達開發團隊不僅僅是一個客戶和程式設計師的組合。反之,開發團隊中有許多角色,包括管理人員、測試人員、技術寫作人員(Technical Writer)等等。這個實踐的目標是最小化這些角色之間的物理距離。理想情況下,所有的團隊成員都應該坐在同一間辦公室裡。

毫無疑問,把整個團隊放到同一間辦公室可以大幅提升團隊的效率。人們可以快速交流,不需過多正式的禮儀。問題的提出和答覆之間只需要幾秒鐘的時間。知道答案的專家們總是近在咫尺。

---

[7] 因為程式設計師的工作就是自動化所有的東西呀!

此外，還有發現珍貴機緣（serendipity）的巨大可能性。一位現場客戶可能會在程式設計師或測試人員的螢幕上看到不對勁的東西。一位測試人員可能會不經意聽到兩位程式設計師的交談，並發現他們針對某個需求得出了錯誤的結論。請不要低估這種偶然的加乘作用（synergy）。當完整團隊坐在同一個空間時，魔法就會降臨。

請注意，這個實踐被視為是一種業務實踐，而不是一種團隊實踐。這是因為企業才是完整團隊實踐中收穫最大的那一方。

當團隊身處同一個地點時，業務的執行會更加順暢。

同一個地點

在 2000 年初期，我幫助許多組織採用敏捷方法。在正式指導（coaching）開始之前的初步訪問中，我們會要求客戶設置團隊空間，讓整個團隊坐在一起。客戶不止一次告訴我們，僅僅是讓大家坐在一起，團隊的效率就有了明顯的提升。

不在同一個地點的做法

在 1990 年代，網際網路讓富裕國家的人們，得以利用那些勞動力成本非常低的國家中大量的軟體人力資源。利用這些勞動力的誘惑是無人能擋的。會計師們稍微計算一下，他們的眼睛就會因為確信可以省下的成本而閃閃發光。

但事情並不如大家所想的那樣盡如人意。事實證明，有能力跨越半個地球發送 megabit 規模的原始碼，並不表示能夠在一個團隊裡與客戶和程式設計師坐在一

起工作。團隊之間的距離、時區、語言與文化等方面的差距仍然很大。溝通上的誤會經常發生,品質受到嚴重影響。需要一而再、再而三地重做[8]。

在這之後的幾年,技術有了些許進步。如今資料的吞吐率(throughput)足以讓一般視訊對話和螢幕畫面分享會議成為可能。位於地球兩端的兩位開發人員,現在(幾乎)可以在同一段程式碼上結對寫程式,就像他們坐在彼此隔壁一樣。當然,這些進步無法解決時區、語言與文化的問題,但透過螢幕面對面寫程式,還是比用 email 來回發送原始碼來得好。

敏捷團隊也能這樣運作嗎?我聽說這是可能的,但我從未見過成功的案例,也許你曾見過。

在家遠端工作

網際網路頻寬的改進,也讓人們在家工作變得更容易了。在這種情況下,語言、時區、文化都不是什麼大問題。更重要的是,沒有跨洋通訊的傳輸延遲。團隊會議可以像是在同一個地點舉辦一樣,並與每一個人的生理時鐘(circadian rhythms)同步。

請不要誤解我的意思。當團隊成員在家工作時,還是有大量語言以外的交流因此而流失。發現珍貴機緣的對話幾乎不會出現。無論團隊成員之間有多少電子化的連結,他們還是不在同一個空間裡面。這讓在家工作的人明顯處於不利地位。他們總是會錯過一些對話和臨時會議(impromptu meeting)。雖然他們可以享用巨大的資料頻寬,但與身處同一個地點工作的人相比,他們還是像透過窺視孔的小洞在進行溝通。

---

[8] 這些是我直接與有實際經驗的人交談之後的感想。我沒有實際的資料可以展示,請讀者自行酌酌。

如果團隊大多數的時候都聚在一起,但其中有一、兩位成員每星期在家工作一、兩天,他們或許不會遇到太大的問題,特別是如果他們已經投資了一些優良的、高頻寬的遠端通訊工具的話。

另一方面,當團隊中幾乎所有人都在家工作時,這個團隊將永遠無法像同處一地的團隊那樣工作。

請不要誤解我的意思。在 1990 年代初期,我的夥伴 Jim Newkirk 和我一起成功管理了完全不在同一地點的團隊。所有人都在家工作。我們每年最多碰面兩次,而且當中有許多人住在不同的時區。不過,我們都說相同的語言、共享同樣的文化、我們的時區從來沒有相差超過兩個小時。我們成功了。我們做得很好。但如果我們都坐在同一間辦公室,我們會做得更棒。

小結

在 2001 年的雪鳥會議上,Kent Beck 說我們的目標之一就是要彌合企業與開發之間的鴻溝。在實現這個目標的過程中,業務方面的實踐(business-facing practices)扮演了重要的角色。透過遵循這些實踐,企業和開發之間有一個簡單又明確的溝通方式。這樣的溝通將帶來信任。

第 4 章

團隊實踐

在 Ron Jeffries 的生命之環（Circle of Life）裡，中間一圈包含了敏捷的團隊實踐。這些實踐管理著團隊成員之間的關係，以及「團隊成員」與「他們所建立的產品」之間的關係。我們將探討的實踐包括隱喻（Metaphor）、穩定步調（Sustainable Pace）、集體所有權（Collective Ownership）和持續整合（Continuous Integration）。

然後我們會簡單地討論一下所謂的站立會議（Standup Meeting）。

隱喻

在簽署《敏捷宣言》之前和之後的那些年，「隱喻」這個實踐對我們來說是一個很尷尬的存在，因為我們無法描述它。我們知道它很重要，我們也可以舉出一些成功的例子。但我們就是無法有效率地表達我們的意思。在數次演講、講座或課程之中，我們只能夠放棄並說出『你看到自然就會明白』之類的話。

它的概念是這樣的：為了讓團隊之間進行有效率的溝通，他們需要一個有限制的、有紀律的詞彙表，其中有術語也有概念。Kent Beck 稱之為「隱喻」，因為它能將專案比喻成其他事物，這個事物是團隊成員都能共同理解的。

Kent Beck 的主要範例是克萊斯勒（Chrysler）薪資專案所使用的隱喻[1]。他將「薪水支票的產生流程」比喻為「流水式生產線」（assembly line）。薪水支票在不同的工作台上移動，不斷地新增「零件」（part）。一張空白支票可能會在「ID 工作台」上得到員工的身分識別。然後，它會移動到「付款工作台」，取得稅前薪資。接著，它會移動到「聯邦稅務工作台」，再來是「FICA（聯邦保險繳費法）工作台」，然後是「Medicare（聯邦醫療保險）工作台」……你懂的。

---

[1]　https://en.wikipedia.org/wiki/Chrysler_Comprehensive_Compensation_System

程式設計師和客戶很容易就能把這個隱喻應用在建置一張薪水支票的流程。隱喻為他們提供了一個詞彙表，可以用來討論該系統。

但隱喻常常會出差錯。

例如在 1980 年代尾聲，我參與了一個測量 T1 通訊網路品質的專案。我們從每一條 T1 線路的端點下載錯誤計數。這些錯誤計數被收集到 30 分鐘間隔的時間切片之中。我們把這些時間切片視為需要被烹煮的原始資料（raw data）。切片要用什麼來料理呢？烤麵包機。於是我們有了「麵包」這個隱喻：我們有麵包切片（slice）、一整條麵包（loaf）、麵包屑（crumb）等等。

對於程式設計師來說，詞彙表的效果不錯。我們可以互相討論沒有烤過的（raw）和烤過的（toasted）麵包切片、整條麵包等等。不過，聽見我們討論的管理人員和客戶卻搖著頭走出辦公室。在他們看來，我們在胡言亂語。

還有更糟糕的案例。在 1970 年代初期，我曾開發過一個分時系統（Time-Sharing System），它在有限的記憶體空間內切換應用程式。在某個應用程式佔用記憶體的時間內，它會把文字載入到緩衝區，準備發送到一台慢速的電傳打字機（teletype）。緩衝區滿了之後，應用程式會進入休眠狀態並換出（swap out）到磁碟裡，同時緩衝區也被慢慢清空。我們稱這些緩衝區為「垃圾車」，它在「垃圾製造者」和「垃圾場」之間來回奔走。

我們以為這很聰明。「垃圾」這個隱喻讓我們樂不可支。我們接著把客戶比喻為「垃圾商人」。這個隱喻對溝通來說雖然很有效果，卻不夠尊重那些付錢給我們做事的人。我們從來不跟他們分享這個隱喻。

這個案例顯示了隱喻的優點和缺點。隱喻可以提供一個詞彙表，讓團隊更有效率地溝通。但某些隱喻實在太過愚蠢，甚至到了冒犯客戶的境界。

領域驅動設計

Eric Evans 在他開創性的著作《*Domain-Driven Design*》[2][譯註] 中解決了「隱喻」的問題，終於抹去了我們的尷尬。他創造了通用語言（Ubiquitous Language）這個術語，這才是「隱喻」實踐該有的名字。團隊需要一個問題領域的模型，描述這個模型的詞彙表需要所有人的同意。我的意思是**所有人** —— 包括程式設計師、QA、管理人員、客戶、使用者⋯⋯**所有人**。

1970 年代，Tom DeMarco 稱這些模型為**資料字典**（Data Dictionary）[3]。它簡單呈現了「被應用程式處理的資料」以及「處理這些資料的程序」。Evans 傑出地把這個簡單的概念擴展成一個領域建模的紀律。DeMarco 和 Evans 都將模型作為與所有利益相關者溝通的媒介。

讓我舉一個簡單的例子。我最近編寫了一個名為 SpaceWar 的電玩遊戲。資料元素包括 Ship（飛船）、Klingon（克林貢人）、Romulan（羅慕倫人）、Shot（射擊）、Hit（擊中）、Explosion（爆炸）、Base（基地）、Transport（傳送）等等。我小心翼翼地將這些概念分離到各自的模組之中，並在整個應用程式中專門使用這些名稱。這些名稱就是我的通用語言（Ubiquitous Language）。

---

[2]　Evans, E. 2003. Domain-Driven Design: Tackling Complexity in the Heart of Software. Boston, MA: Addison-Wesley.

譯註：博碩文化出版繁體中文版《領域驅動設計：軟體核心複雜度的解決方法》。

[3]　DeMarco, T. 1979. Structured Analysis and System Specification. Upper Saddle River, NJ: Yourdon Press.

專案的所有部分都使用通用語言。業務人員、開發人員、QA、Ops 人員和 DevOps
人員都使用它。甚至客戶也在使用其中相關的一部分。它支援企業案例、需求、
設計、架構及驗收測試。這是一條一致性的線,在整個專案生命之環中的每一
個階段,它將整個專案連接在一起[4]。

穩定步調

> 快跑的未必能贏⋯⋯
> —《傳道書》9:11

> ⋯⋯唯有忍耐到底的,必然得救。
> —《馬太福音》24:13

在第七天,上帝安息了。後來,上帝將「第七日便安息」寫進了十誡裡面。顯
然上帝也需要以穩定的步調前進。

1970 年代初期,我年僅 18 歲。我和高中死黨一起被僱用為某個**極度重要**專案的
程式設計師。我們的管理人員設定了截止日期。截止日期是**絕對**不能動的。我
們的努力成果很重要!我們是組織這台機器當中最重要的小齒輪。我們很重
要!

18 歲很美好,對吧?

---

[4] 『它是所有生物創造的一個能量場,包圍並滲透著我們,有著凝聚整個星系的
能量。』——1979 年盧卡斯影業的《星際大戰四部曲:曙光乍現》(Star Wars: Episode
IV—A New Hope)。

作為剛從高中畢業的年輕人，我們全力以赴、竭盡所能。我們沒日沒夜地工作了好幾個月，一星期平均工作超過 60 個小時。有幾個星期甚至超過 80 個小時。我們甚至連夜加班了好幾十天！

我們為所有的超時工作感到驕傲。我們是真正的程式設計師。我們全心全意。我們極有價值。因為我們隻手拯救了一個重要的專案。我們！是！程式設計師！

然後我們就精疲力竭了 —— 超累，累到我們集體離職了。我們突然離去，留給公司一個幾乎無法運作的分時系統，沒有任何有能力的程式設計師來支援它。自己看著辦吧！

盡情發洩情緒的 18 歲很美好，對吧？

別擔心，公司渡過了難關。事實證明我們並不是唯一有能力的程式設計師。那裡還有一群人，每星期專心工作 40 個小時。在我們私人的寫程式狂歡夜中，我們瞧不起那些既不投入又懶惰的人。然而正是這些人安靜地收拾殘局，並維持系統正常運作。我敢說，能夠擺脫我們這群憤怒又吵鬧的屁孩，他們一定很開心。

超時工作

你可能以為我從那次經驗中學到了教訓。很顯然地，並沒有。在接下來的二十年內，我持續為老闆超時工作，也持續被「重要專案」這四個字所誘惑。喔，我並沒像 18 歲時那樣瘋狂加班。我一星期平均工作約 50 個小時。我很少熬夜 —— 但也不是完全沒有。

隨著年紀增長，我意識到我最糟糕的技術錯誤都是在熬夜時犯下的。我發現，那些錯誤為工作帶來了很大的阻礙，我必須在我真正清醒時想盡辦法繞過這些阻礙。

後來發生了一件事，讓我開始重新思考我的方式。有一天，我和我未來的事業夥伴 Jim Newkirk 正忙著加班。大約凌晨 2 點的時候，我們試圖弄清楚，該如何將一段資料從「系統的底層部分」傳送到「執行鏈的更高部分」。沒有辦法直接從堆疊中回傳資料。

我們在產品中建置了一個「郵件」傳輸系統，我們用它在程序之間傳送資訊。凌晨 2 點，咖啡因在我們的血液中奔馳，所有人的工作效率都來到了巔峰，我們突然發現，我們可以讓程序的「底層部分」郵寄那一段資料給它自己，「頂層部分」就可以從底層獲取資料了。

即便三十年過去，時至今日，每當 Jim 和我想要描述某人的不幸決策時，我們都會說：『喔不，它們郵寄給它們自己了。』

我不會說明這個決策為什麼如此糟糕的可怕細節。一言以蔽之，最後我們花的工夫，是我們認為可以節省的好幾倍。然而，由於這個解決方案已經深植在系統裡面，無法回復，因此我們只好繼續堅持下去[5]。

馬拉松

從那一刻起，我學到軟體專案其實是一場馬拉松比賽，不是衝刺（sprint），也不是一連串的衝刺。為了獲勝，你必須調整自己的步伐。如果你全速奔跑、加速躍過障礙物，你很快就會在抵達終點之前筋疲力盡。

因此，你跑步的步伐必須能夠長時間維持。你必須以**穩定的步調**奔跑。若你以超過穩定步調的速度奔跑，在抵達終點之前，你就必須慢下來和休息，這樣你

---

[5] 這發生在我學會 TDD 的十年之前。如果 Jim 和我在當時套用了 TDD，我們其實可以很容易地回復那個修改。

的平均速度就會比你的穩定步調還要慢。接近終點線時，如果你還保有一點力氣，你可以衝刺，但在那之前請不要這麼做。

管理人員可能會要求你跑得比你應該跑的更快，請不要遵循這樣的命令。你有義務節省你的資源，確保你能撐到最後。

奉獻

超時工作並不是向老闆展現你奉獻精神的正確方式，這會讓你看起來像是一個不懂規劃的人。你同意了不該同意的截止日期，你承諾了不該承諾的事情，你是一個可以被操控的勞工而不是名專業人士。

這並不是說所有的超時工作都是壞事，也不是說你永遠都不應該加班。在某些極端的情況下，加班的確是唯一的選擇，但加班不該成為常態。而且你必須非常清楚，「超時工作的代價」可能遠遠大於「你在時程安排上省下的時間」。

幾十年前那次我和 Jim 一起熬夜加班並非最後一次，而是倒數第二次。最後一次加班是我無法掌控的情況，而那次是情有可原的。

當時是 1995 年。我的第一本書準備在隔天送印，我還得趕著送出最後一次校對稿（page proof）。那是傍晚 6 點，我都準備好了，我所需要做的就是透過 FTP 交給出版社。

但一切純屬意外，我偶然發現了一種可以讓書中數百張圖片解析度「翻倍」的方法。Jim 和 Jennifer 正在幫我準備校對稿，我們即將上傳 FTP，此時我向他們展示了提高解析度的一張範例。

我們看著彼此，長嘆一口氣。然後 Jim 說：『我們必須重做它們。』這不是一個問句，而是一項事實的陳述。我們三個看看彼此，再看看時鐘，再看看彼此，然後開始努力工作。

熬夜結束時，我們完成了所有工作。書籍送印了，我們也終於可以好好睡覺。

睡眠

程式設計師最珍貴的養分就是足夠的睡眠。我一天睡七個小時就足夠了。我可以忍受一或兩天只睡六個小時。再減少睡眠時數的話，我的生產力就會降低。請確保你知道你的身體需要多少時數的睡眠，然後保留足夠的時間睡覺，這些時間將會好好報答你。我的經驗法則是：少睡一個小時會影響我白天兩個小時的工作時間，少睡兩個小時會影響我白天四個小時的工作效率，少睡三個小時的話，則根本不會有任何生產力可言了。

集體所有權

敏捷專案中沒有人獨佔程式碼。程式碼是整個團隊所共有的。任何團隊成員都能在任何時候簽出並改善專案中的任何模組。團隊**集體**擁有這些程式碼。

我早期在 Teradyne 公司工作的時候，學到了「集體所有權」這個概念。我們在一個由五萬行程式碼所組成的大型系統上工作，這些程式碼被分成幾百個模組，但團隊中沒有人擁有其中任何一個。我們都努力學習並設法改進所有的模組。有些人比其他人更熟悉程式碼的某些部分，但我們試圖傳播經驗，而不是將經驗集中在少數人身上。

該系統是一個早期的分散式網路：有一台中央電腦，以及分散在全國各地的數十台衛星電腦。這些電腦透過 300 鮑（baud）的數據機線路（modem lines）進行通訊。我們並沒有將程式設計師區分為中央電腦的或是衛星電腦的，大家都一起為兩種電腦開發軟體。

這兩種電腦具有截然不同的架構。一個類似 PDP-8，不過它有 18 位元的文字（an 18-bit word）。它有 256K RAM，並需要從磁帶中載入。另一個是 8 位元的 8085 微處理器，帶有 32K RAM 和 32K ROM。

我們使用組合語言來寫程式，而這兩台機器有非常不同的組合語言和開發環境。我們付出同樣的努力，同時在兩台機器上工作。

集體所有權並不代表你不能專業化（specialize）。隨著系統越來越複雜，專業化是有其必要。有些系統是任何人都無法全面又詳細理解的。但即便你有專業化，你也必須一般化（generalize）。你要在你擅長的專業領域中工作，你也要在其他領域的程式碼中工作。你必須擁有「做你專長之外的工作」的能力。

團隊採用集體所有權時，知識就會分散在團隊之中。每一位團隊成員都更能充分理解模組之間的界限，以及系統整體運作的方式。這大幅提升團隊溝通和做決策的能力。

在我漫長的職業生涯當中，我看過一些與「程式碼集體所有權」背道而馳的公司。每一位程式設計師都擁有自己的模組，其他人都不可以碰它。這種功能失調（dysfunctional）的團隊經常會陷入互相指責和彼此誤會的窘境。如果一個模組的作者沒有來上班，進度就會停滯。沒有人敢碰別人獨佔的東西。

X 檔案

一個特別糟糕的例子就是 X 公司，這是一間製造高階印表機的公司。在 1990 年代，該公司的重心從「硬體」轉型為「軟體與硬體整合」為主。他們發現，如果可以使用軟體控制機器的內部運作，就能大幅降低製造成本。

但是，由於「硬體」為主的概念已根深蒂固，因此他們按照硬體小組的方式來劃分軟體小組。硬體團隊是按照設備來劃分的：進紙器、印表機、出紙器、裝

訂機等等。於是軟體也同樣按照這些設備來劃分：一個團隊為進紙器編寫控制軟體、一個團隊為裝訂機編寫軟體，以此類推。

在 X 公司，你的政治影響力取決於你正在處理哪一個設備。因為 X 是一間印表機公司，所以印表機設備是最有聲望的。處理印表機的硬體工程師必須萬中選一，而處理裝訂機的則是無名小卒。

奇怪的是這個政治排名系統也同樣適用於軟體團隊。編寫出紙器程式碼的開發人員是一點政治影響力也沒有。不過，若有一位印表機開發人員在會議上發表意見，每個人都會仔細聆聽。正是因為這種政治分歧，導致沒有人願意分享程式碼。印表機團隊依靠印表機程式碼來鞏固政治影響力，於是印表機程式碼一直是藏起來的狀態，非團隊成員根本看不到它。

這造成了大量問題。若你無法審視你正在使用的程式碼，就會帶來很明顯的溝通困難。甚至無法避免互相指責和背後捅刀的衝突。

但更糟糕的是荒謬的重複。其實進紙器、印表機、出紙器、裝訂機的控制軟體並沒有那麼不同。它們都需要依據外部輸入和內部感應器來控制電動機、繼電器、螺線管和離合器。這些模組的基礎內部結構都是相同的。然而，因為所有政治性質的保護措施，每個團隊都必須獨自發明自己的輪子。

更重要的是，按照硬體來劃分軟體的想法是非常荒謬的。軟體系統並不需要一個獨立於印表機控制器的進紙機控制器。

人力資源的浪費，更不用說還有情緒上的焦慮和彼此敵視的姿態，皆導致了一個令人非常不舒服的環境。我相信，這種環境至少在一定程度上造成了這間公司的最終殞落。

持續整合

在敏捷的早期歲月中，**持續整合**的實踐意味著程式設計師「每隔幾個小時」就簽入一次原始碼的更改，並將其合併至主線之中[6]。所有的單元測試和驗收測試都一直持續通過，不存在任何沒有被整合的功能分支。部署時不應該運作的所有變更，都要透過開關（toggle）來處理。

2000 年，在一次 XP Immersion（沉浸式 XP）的課程中，有一位學生落入了一個典型的陷阱。這些沉浸式課程非常密集，我們將週期縮短至一天一次迭代，持續整合的週期則縮短至 15 到 30 分鐘。

這位學生是一組六人開發團隊的成員，另外五名開發人員的簽入頻率都比他高。（他並沒有和別人結對，為了某種原因 —— 你可以猜猜看。）不幸的是，一個小時過去了，這位學生還是沒有整合他的程式碼。

當他終於嘗試簽入並整合他的修改時，他發現 codebase 已經累積了許多其他人的修改，於是他又花費了很長的時間合併程式碼，並使它運作。當他正為合併手忙腳亂時，其他程式設計師持續每 15 分鐘就簽入一次。當他終於完成合併並試圖簽入自己的程式碼時，他發現他還有另一個合併要做。

對此他感到非常氣餒，於是他在教室中站了起來，並大聲宣布：『XP 根本不行！』然後他衝出教室，走進了飯店酒吧。

然後奇蹟出現了。先前被他拒絕的結對夥伴追了出去，並勸他回到教室。另外兩對則重新安排工作的優先順序，完成了合併，並讓專案回歸正軌。30 分鐘後，

---

[6] Beck, K. 2000. Extreme Programming Explained: Embrace Change. Boston, MA: Addison-Wesley, p. 97.

那位學生冷靜下來了，他回到教室向眾人致歉，又繼續開始工作 —— 包括結對。
他後來成為了敏捷開發的熱情倡導者。

這個故事的重點是，只有持續地整合，持續整合才會有效果。

然後是持續建置

2001 年，ThoughtWorks 帶來了巨大的改變：他們建立了 CruiseControl[7]，第一
個持續建置工具。我還記得 Mike Two[8]在 2001 年 XP Immersion 的一個深夜講座
中講述了這件事。講座沒有錄音，但故事大綱如下：

> CruiseControl 讓簽入的時間縮短至幾分鐘。即便是最微小的更改也會很
> 快地整合到主線之中。CruiseControl 監視原始碼控制系統，並在每一次
> 簽入任何更改時啟動建置。作為建置的一部分，CruiseControl 會執行系
> 統中大部分的自動化測試，然後把結果透過 email 發送給團隊中的每一個
> 人。
>
> 『Bob，破壞了建置。』
>
> 關於破壞建置，我們實作了一個簡單的規則：在破壞建置的那一天，你
> 必須穿上一件上頭寫著『我破壞了建置』的襯衫 —— 而且那件襯衫從來
> 沒有人洗過。

---

[7] https://en.wikipedia.org/wiki/CruiseControl

[8] http://wiki.c2.com/?MikeTwo

從那一天起，許多其他的持續建置工具陸續出現，包括 Jenkins（還是 Hudson？）、Bamboo、TeamCity 等等。這些工具將整合之間的時間縮到最短。Kent 最初說的「幾個小時」已被「幾分鐘」取代。持續整合成為了持續簽入（Continuous Checkin）。

持續建置的紀律

持續建置**永遠**不該失敗。這是因為，為了避免穿上 Mike Two 的髒襯衫，每一位程式設計師都需要在簽入他們的程式碼之前執行所有的驗收測試和單元測試。（啊不然勒！）如果建置失敗了，代表非常詭異的事情發生了。

Mike Two 在講座中也提到了這個問題。他描述了他們貼在團隊辦公室牆壁上顯眼位置的那張年曆。那是一張大壁報紙，一年中的每一天都有一個小方格。

只要有任何一天建置失敗，即便只有一次，他們都會放上一個紅點。只要有任何一天建置沒有失敗，他們就會放上一個綠點。這種簡單的視覺化就足以在一、兩個月內將「幾乎都是紅點」轉變為「幾乎都是綠點」。

緊急插播

再次提醒：持續建置永遠不該失敗。一個失敗的建置就是一次緊急插播（Stop the Presses）事件。我要聽見警報大作。我要看見大大的紅燈在 CEO 的辦公室內旋轉。一個失敗的建置就是大事不妙啦。我要所有的程式設計師暫停他們手邊的事，全部集中到這個建置周圍，想辦法讓它再次通過。團隊的口號必須是『建置永遠不能壞』（The Build Never Breaks）。

作弊的代價

總會有一些團隊，在截止日期的壓力下，允許持續建置一直處於失敗的狀態。這簡直是自殺行為。結果就是所有人都對「持續建置伺服器」不斷發送出來的

失敗通知 email 感到厭煩，於是他們刪除了失敗的測試，並承諾「晚一點」會回來修復它們。

當然，這會導致「持續建置伺服器」再次開始發送成功 email。所有人都鬆懈了。建置通過了，每個人都忘記了那一堆「晚一點」會回頭修復的失敗測試。就這樣，一個破損的系統就被部署了。

站立會議

多年來，人們對「每日 Scrum」（Daily Scrum）或「站立會議」（Standup Meeting）有許多疑惑。現在，讓我們釐清它們吧。

以下關於站立會議的描述都是正確的：

- 會議是可選的，很多團隊沒有它也運作得很好。
- 不需要每天都開會，可以選擇一個合理的時程。
- 即便是大型團隊，也只需要 10 分鐘左右。
- 會議遵循一個簡單的公式。

基本概念是團隊成員站成[9]一圈並回答三個問題：

1. 上次會議之後我做了什麼？

2. 下次會議之前我要做什麼？

3. 有什麼東西阻礙我嗎？

---

[9]　這就是它被稱為「站立」會議的原因。

就只有這樣。沒有討論、沒有裝模作樣、沒有深入解釋。沒有明槍暗箭或情緒勒索。沒有關於 Jean 或 Joan 或某某的抱怨或牢騷。每個人都有 30 秒左右的時間來回答這三個問題。然後會議就結束了，所有人都回到工作崗位。完成了、結束了。你理解了嗎？

關於「站立會議」的最佳描述，可能是在 Ward 的 wiki 頁面上：http://wiki.c2.com/?StandUpMeeting。

豬或雞？

在這裡，我就不再重複「火腿與雞蛋」的故事了。有興趣的讀者可以查閱維基百科[10]、(譯註)。故事的大意是說，只有開發人員才能在站立會議中說話。管理人員和其他人員可以聆聽，但不該插話或打斷。

在我看來，我其實並不在乎誰負責說話，只要每個人都遵守三個問題的格式，並將會議控制在大約 10 分鐘的時間即可。

---

[10]　https://en.wikipedia.org/wiki/The_Chicken_and_the_Pig

譯註：雞和豬的寓言故事是這樣的：
　　　一隻雞和一頭豬走在路上。
　　　雞說：「嘿！豬，我想我們應該來開一家餐廳。」
　　　豬問：「嗯，好喔，那要取什麼名字呢？」
　　　「就叫『火腿與雞蛋』如何？」雞如此回覆。
　　　豬想了一下，然後說：「不要了，我得全身投入（賣命投入），但你只是參與而已。」
　　　這個故事的隱喻是，「豬」代表那些全身投入在專案之中的人，「雞」則代表那些利益相關者。

公開致謝

我喜歡的變化是增加一個可選的第四個問題：

* 你想要感謝誰？

這只是簡短的致謝，謝謝那些幫助過你的人，或是你認為某事值得表揚的人。

小結

敏捷是一組原則、實踐和紀律，可以協助小型團隊建置小型的軟體專案。本章所描述的實踐，正是那些可以協助小型團隊成為真正團隊的實踐。它們協助團隊建立溝通的語言，讓團隊成員對彼此以及正在建置的專案的期望一致。

第 5 章

技術實踐

本章所描述的實踐，與過去 70 年間大多數程式設計師的做法大相逕庭。它們強制執行一些難以理解的、逐分逐秒的、充滿儀式感的行為，讓大多數程式設計師首次接觸它們時，都覺得很荒謬。於是許多程式設計師做敏捷時會嘗試不做這些實踐。但他們失敗了，因為這些實踐才是敏捷的核心。沒有 TDD、重構、簡潔設計和結對程式設計，敏捷只是空有外表，卻無實際的作用。

測試驅動開發

測試驅動開發（Test-Driven Development，TDD）是一個豐富又複雜的話題，需要一整本書才能充分討論它。本章只是一個概述，主要著重在使用它的理由和動機，並不會深入探討技術方面。特別是本章不會呈現任何程式碼。

程式設計師從事的是一種獨特的專業。我們製作了許多含有高深技術和神祕符號的文件。文件中的每一個符號都必須正確，否則就會發生不妙的事情。一個錯誤的符號，可能會導致財產甚至是生命的損失。還有什麼產業也是這樣的呢？

那就是會計。會計師也製作了許多含有高深技術和神祕符號的文件。文件中的每一個符號都必須正確，不然就會造成財產甚至是生命的損失。那麼會計師如何確保每一個符號都是正確的呢？

複式簿記

會計師們在一千年前發明了一條記律，稱之為複式簿記（double-entry bookkeeping，又稱為雙式簿記）[1]。每一筆交易都會被寫入記帳本兩次：一次是作為一組帳戶的貸方（credit），另一次是作為一組帳戶的借方（debit）。這些

---

[1] https://en.wikipedia.org/wiki/Double-entry_bookkeeping_system

帳戶最終會匯總到名為「資產負債表」（balance sheet）的單一文件當中。從「總資產」（the sum of assets）中減去「負債和權益的總和」（the sum of liabilities and equities），差額必須為零。如果不為零，一定有哪裡出錯了[2]。

會計師早在求學時就被教導要逐筆記錄交易，並在記錄之後立刻計算餘額（balance）。這讓他們能夠更快發現錯誤。老師傳授他們**避免**在兩次餘額檢查之間輸入多筆交易，因為這樣會難以找到錯誤。這種實踐對於正確核算金錢是如此重要，以至於它幾乎在全世界所有地區都成為了法規。

測試驅動開發是程式設計師的相應實踐。每一個必要的行為都會輸入兩次：一次是作為「測試」，另一次則是作為讓測試通過的「產品程式碼」（production code）。兩次輸入是互補的，就像「負債和權益」與「資產」之間也是互補的一樣。同時執行測試程式碼與產品程式碼，兩次輸入會產生一個零的結果：失敗的測試數量為零。

學習 TDD 的程式設計師被教導一次只能輸入一個行為：一次是作為「失敗的測試」，另一次則是作為可以通過測試的「產品程式碼」。這讓團隊更快速地找到錯誤。他們被教導要避免撰寫一大堆產品程式碼，然後再增加一堆測試，因為這會導致難以找到錯誤。

這兩個紀律，即複式簿記和 TDD，它們是相等的。它們都提供相同的功能：在重要的文件中避免錯誤，其中每一個符號都必須是正確的。雖然程式設計在我們的社會中已經是不可或缺的事物，但我們還沒有用法規強制實施 TDD。不過，既然寫得很拙劣的軟體已經造成了許多生命和財產的損失，距離設立法規還會遙遠嗎？

---

[2] 若你學過會計，你可能已怒不可遏了。是的，這是一個粗略的簡化。另一方面，如果我只用一段話來概述 TDD，所有的程式設計師也會怒不可遏。

TDD 的三個規則

TDD 可以描述為以下三個簡單規則：

- 先編寫一個因為缺少程式碼而失敗的測試，再開始寫產品程式碼。

- 編寫一個剛好可以造成失敗的測試 —— 編譯失敗也視為失敗。

- 只編寫剛好可以通過當前失敗測試的產品程式碼。

有一些寫程式經驗的程式設計師，可能會覺得這些規則太離譜了，聽起來有點蠢。它們暗示寫程式的週期大概只有 5 秒鐘的長度。程式設計師先為「還不存在的產品程式碼」編寫一些測試，這些測試幾乎是立即失敗，因為它提及了「還不存在的產品程式碼」當中的元素。程式設計師必須停止編寫測試，並開始著手產品程式碼。但是敲了幾下鍵盤之後，編譯失敗的測試現在又編譯成功了。這迫使程式設計師又回到測試的部分，繼續增加測試。

程式設計師就這樣困在一個輪迴裡，不斷花幾秒鐘的時間在測試與產品程式碼之間來回擺盪。程式設計師再也無法編寫一個完整的函數，甚至不能寫完一個簡單的 if 敘述句或 while 迴圈，他們必須中斷，編寫剛好失敗的測試程式碼。

一開始，大多數的程式設計師會認為這讓他們分心。三個規則一直打斷他們的思路，讓他們無法好好思考要編寫的程式碼。他們經常認為三個規則造成了令人難以忍受的干擾。

但是，讓我們想像有一組遵循這三個規則的程式設計師。不管你在任何時間，隨意挑選其中任何一位程式設計師，這位程式設計師所有的程式都會在一分鐘不到的時間內執行過，並通過所有測試。這與你選擇的對象、選擇的時間無關，所有的程式在不到一分鐘之前，都是可以運作的。

Debug

一分鐘之前的全部工作「總是」可以運作，這是什麼意思呢？你需要做多少 Debugging 的工作？如果一分鐘前的全部工作都可以運作，那麼你所遇到的任何故障幾乎都是在一分鐘之內發生的。Debug 上一分鐘才加入的失誤，通常是件小事。甚至動用到 Debugger（偵錯器）來尋找問題很可能是小題大作。

你擅長使用 Debugger 嗎？你還記得 Debugger 的快捷鍵嗎？你能全憑肌肉記憶自動敲擊快捷鍵來設置「中斷點」（breakpoint）、「單步執行」（single-step）、「跳入」（step-into）、「跳過」（step-over）嗎？Debugging 的時候，你感到得心應手嗎？這並不是一個令人嚮往的技能。

熟悉使用 Debugger 的唯一辦法就是花費大量的時間 Debugging。花費很多時間 Debugging 則暗示有很多個 bug。測試驅動開發人員並不擅長使用 Debugger，因為他們並不常使用它；即便要用它，使用時間也不長。

我不想建立錯誤的印象。即使是最棒的測試驅動開發人員，仍然會遇到難以處理的 bug。畢竟這是軟體開發，軟體開發是很困難的。但是透過實踐 TDD 的三個規則，就可以顯著減少 bug 的產生及其嚴重性。

文件

你是否整合過第三方套件？它可能是一個壓縮檔，裡面有一些原始碼、DLL、JAR 檔案等等。這些檔案中可能有一個 PDF，裡面包含整合的說明。PDF 最後可能還有一個醜陋的附錄，包含所有的程式碼範例。

在這樣的一份文件中，你首先閱讀的是什麼？如果你是一位程式設計師，你大概會直接跳到最後一頁閱讀程式碼範例，因為程式碼可以告訴你事實。

遵循三個規則時，你編寫的測試最終會成為整個系統的程式碼範例。如果你想知道如何呼叫 API 函數，已經有一些測試可以用各種方式呼叫該函數，並捕獲它可能拋出的每一個例外。如果你想知道如何建立物件，已經有一些測試可以用各種方式建立該物件。

測試是一種形式的文件，描述了被測試的系統。這份文件以程式設計師熟悉的語言編寫。它一點也不模糊，它嚴謹地執行，而且它一直與應用程式保持同步。測試對於程式設計師來說是一種完美的文件：它就是**程式碼**。

此外，測試本身並不能組合成一個系統。這些測試彼此之間並不認識，它們之間也沒有依賴關係。每一個測試都是小型又獨立的程式碼單元，它們描述了系統一小部分的行為方式。

樂趣

如果你曾經事後撰寫過測試，你就會知道這一點也不有趣。因為你已經知道程式碼可以運作，你已經手動測試過了，所以一點也不好玩。之所以需要撰寫這些測試，是因為有人要你這樣做。這不僅增加工作量，而且很無聊。

當你遵循三個規則事先編寫測試時，這個過程就有趣多了。每個新測試都是一個新的挑戰。每讓一個測試通過，就是一次小成功。遵循三個規則，你的工作就會成為一連串小挑戰和小成功。這個過程不再繁瑣 —— 它讓你有成就感。

完整性

現在讓我們回到事後寫測試的做法。雖然你已經手動測試了系統，而且已經知道它可以運作，但你還是覺得有必要編寫這些測試。你編寫了一個又一個測試，毫無意外地每一個測試都會通過。

不可避免地，你會遇到難以編寫的測試。難就難在編寫程式碼時，你並沒有考慮到可測試性（testability），也沒有將程式碼設計成可測試的。要為這段程式碼撰寫測試，首先你必須修改程式碼的結構，包括解開一些耦合、新增一些抽象或改變一些函數呼叫或引數等等。這工作量聽起來很多，尤其是你已經知道這些程式碼是可以運作的。

時程很緊湊，你知道你有更重要的事情要做，所以你把測試擱置一旁。你說服自己：測試是不需要的，或等一下再來寫也可以。於是你在測試套件（test suite）中留下了一個漏洞。

因為你已經在測試套件中留下了漏洞，你認為其他人也同樣留下了漏洞。當你執行測試套件並看著它通過時，你偷笑了，或是不以為然地甩甩手，因為你知道通過測試套件並不代表系統正常運作。

像這樣的測試套件通過時，你將無法做出決策。測試通過唯一的涵義就是「被測試的功能」都沒有損壞。由於測試套件不完整，它無法提供有效的選擇。但是，如果遵循三個規則，每一行產品程式碼都是為了通過測試而編寫的。於是測試套件非常完整。當它通過時，你可以做出決策：那就是**系統可以部署了**。

這就是目標。我們希望建立一套自動化測試，來告訴我們部署系統是安全的。

再次提醒，我不想造成誤解。遵循三個規則可以給你一個非常完整的測試套件，但這可能不是 100% 完整。這是因為三個規則在某些情況下並不實用。這些情況超出了本書的討論範圍，我只能說，它們數量不多，且有一些解決方案可以應付它們。簡而言之，就算你兢兢業業地遵循三個規則，也不太可能產生 100% 完整的測試套件。

但對於部署的決策來說，100% 的完整性並不是必要的。90% 多的覆蓋率（coverage）就已經足夠了 —— 這種程度的完整性是完全可以實現的。

我建立過測試套件，它完整到讓我可以放心地做出部署決策。我看過其他人也這樣做。雖然完整性沒有達到 100%，但對於部署的決策來說已經夠高了。

警告

測試覆蓋率（test coverage）是團隊的指標（metric），並不是管理的指標。管理人員不太能理解這個指標的實際涵義。**管理人員不應該使用這個指標作為目標或目的**。團隊應該只使用它來告知他們的測試策略。

再次警告

不要因為覆蓋率不足而讓建置失敗。若你這樣做，程式設計師將被迫從他們的測試中刪除一定數量的斷言（assertion），以獲得高覆蓋率的數字。程式碼覆蓋率是一個複雜的主題，只有在對程式碼和測試有深入認知的情況下才能夠理解它。不要讓它成為一個管理指標。

設計

還記得那個在事後難以測試的函數嗎？它很難測試，因為它與別的行為耦合在一起，而你不想在測試中執行這些行為。例如，你想測試的函數可能會打開 X 光機，或是刪除資料庫中的資料列。這件事之所以困難，是因為你沒有把它設計成容易測試的樣子。你先寫程式碼，然後才考慮怎麼寫測試。編寫程式碼時，可測試性大概不是第一個會出現在你腦海中的東西。

現在，你面臨了重新設計程式碼以便進行測試的情況。你看看手錶，發現你已經在測試這件事情上花費太多時間了。由於你已經手動進行測試，你也知道可以運作，於是你放手了，在測試套件中又留下另一個漏洞。

然而，如果你先編寫測試，情況會截然不同。你**無法**編寫出一個難以測試的函數。由於你必須先撰寫測試，很自然地，你會設計一個容易被測試的函數。如何讓函數容易被測試呢？你將它們解耦。事實上，可測試性正是解耦的同義詞。

透過先撰寫測試，你將以從未想過的方式解耦系統。整個系統是可測試的，於是整個系統將被解耦。

正是這個原因，TDD 也經常被稱之為一種設計技巧。三個規則迫使你達到更高程度的解耦。

勇氣

到目前為止，我們已經看到三個規則帶來的一些強大好處：更少的 Debugging、詳細的高品質文件、有趣、完整性，以及解耦。但這些只是附加的好處，這些都不是實踐 TDD 的真正驅動力。真正的原因是勇氣。

我在本書的開頭已經說過這個故事，但值得在這裡再說一遍。

想像一下，你正看著螢幕上的一些老舊程式碼，簡直是一團混亂。你的第一個想法是『我應該要來清理一下。』你的下一個想法則是『我還是不要碰它好了！』因為你知道一旦碰了，你就會弄壞它；而一旦你弄壞它，它就是你的責任了。所以你退縮了，任由它自行崩潰腐爛。

這是出於恐懼的自然反應。你害怕那些程式碼。你害怕碰觸它。你害怕碰觸之後損壞它的後果。所以你沒有做到唯一一件能夠改進程式碼的事 —— 那就是清理它。

如果團隊中的人都如此行事,程式碼就會腐爛。沒有人會清理它,也沒有人會改善它。每次增加新功能時,程式設計師都會希望盡量減少「立刻出差錯」的風險。這造成了耦合和重複,而他們明明知道這會破壞程式碼的設計和品質。

最後,程式碼變成一團糟糕的、無法維護的義大利麵條,幾乎無法做任何進一步的開發。估算將以指數的速度增長。管理人員越來越絕望。他們找來越來越多程式設計師,希望他們的加入會帶來更多生產力,但這是絕對無法實現的。

最終,管理人員在絕望中答應了程式設計師們的要求,即整個系統需要從頭開始重寫,然後這樣的循環又重新上演。

請想像另一個截然不同的情景。你回到那個充滿混亂程式碼的螢幕前,你的第一個想法是清理它。假設你有一個完整的測試套件,當它通過時你可以相信它,結果會是如何呢?如果測試套件執行得很快呢?你會有什麼樣的心路歷程?它應該像是這樣吧:

天哪,我應該重新命名那個變數。啊,測試一樣通過了。好吧,現在我要把那個大函數分解成兩個小一點的函數……很棒,測試也通過啦……OK,現在我想把其中一個新函數移動到另一個類別當中。喔不,測試失敗了。趕快放回去……啊,我知道了,那個變數也要跟著一起移動。太好了,測試通過了……

當你擁有完整的測試套件時,你將不再恐懼修改程式碼。你將不再害怕清理程式碼。因此,你將清理程式碼。你會讓系統保持整潔、井然有序。你會讓系統保持完整。你不再建立令人厭惡的義大利麵條,不再讓團隊陷入生產力低落和一敗塗地的窘境。

這就是我們實踐 TDD 的原因。我們之所以實踐它,是因為它賦予我們勇氣,讓我們的程式碼整潔又有秩序。它讓我們勇敢起來,表現得像真正的專業人士。

重構

重構是另一個需要一整本書才能充分討論的主題。幸運的是，Martin Fowler 已經完成了這本經典的書籍[3]。在本章中，我將簡單討論紀律，而不討論具體技術。本章同樣不會展示任何程式碼。

重構會改善程式碼的結構，但不會改變由測試定義的行為。換句話說，我們在不破壞任何測試的情況下修改命名、類別、函數及表達式。我們在不影響行為的前提下改善系統的結構。

當然，這種實踐與 TDD 緊密耦合。要無所畏懼地重構程式碼，我們需要一組測試套件，這組測試套件將賦予我們足夠的信心，讓我們完全不用擔心會破壞任何東西。

在重構期間進行的修改有很多種，從細緻的美化到深入的結構調整都有。這些修改可能只是簡單的重新命名，也可能是複雜地將 switch 陳述式重組為多型分派（polymorphic dispatch）。大型函數被分解為更小、更有意義的函數。引數清單被轉換為物件。包含許多方法的類別被拆分為多個更小的類別。函數從一個類別移動到另一個類別之中。類別被提取為子類別或內部類別。依賴關係被反轉，模組在架構邊界之間跨越移動。

而在進行所有修改的同時，我們讓測試始終維持在通過的狀態。

---

[3]   Fowler, M. 2019. Refactoring: Improving the Design of Existing Code, 2nd ed. Boston, MA: Addison-Wesley.

紅燈/綠燈/重構

在所謂「紅燈/綠燈/重構」的循環（Red/Green/Refactor cycle）中，重構的過程與 TDD 的三個規則交織在一起（圖 5.1）。

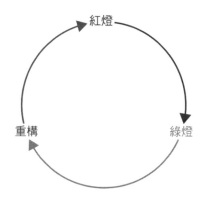

圖 5.1 「紅燈/綠燈/重構」的循環

1. 首先，我們建立一個會失敗的測試。

2. 然後讓測試通過。

3. 接著清理程式碼。

4. 回到步驟 1。

編寫可運作的程式碼，以及編寫整潔的程式碼，在我看來是兩個不同維度的程式設計。企圖同時控制這兩個維度是很困難的，因此我們把這兩個維度分解為兩個不同的活動。

換言之，要讓程式碼**成功運作**已經是很困難的一件事了，更何況要讓它**保持整潔**。所以我們將首先關注在讓程式碼成功運作，使用我們腦海中浮現的那些草率想法。然後，在程式碼成功運作之後，我們才開始清理那一團混亂的程式碼。

這清楚說明重構就是一個**持續的**過程，它並不是一個定期執行的程序。我們不會每天都留下一堆混亂的程式碼，然後數日之後才來清理它。相反的，我們在一、兩分鐘內製造一些小混亂，然後立刻就著手清理它。

重構這個術語不應該出現在時程表上。重構也不該出現在計畫之中。我們不該為重構預留時間。重構應該是我們軟體開發活動中時時刻刻都可能發生的一部分。

大幅度的重構

有時候，需求變更的情況會讓你意識到，當前系統的設計與架構並不是最佳的，而你需要對系統的結構進行重大修改。這些修改同樣會包括在「紅燈/綠燈/重構」的循環之中。我們不會特地建立一個專案來修改設計。我們不會為這樣的大型重構預留時間。相反的，我們一次一點地遷移程式碼，同時繼續按照正常的敏捷週期增加新功能。

這樣的設計更改可能需要幾天、幾週，甚至是幾個月。這段期間，即便設計轉型只有部分完成，系統仍會持續地通過所有測試，並且可以被部署到正式環境之中。

簡潔設計

簡潔設計的實踐是重構的目標之一。簡潔設計的定義是：僅編寫必要的程式碼，讓結構保持在最簡潔、最小和最富表現力的狀態。

Kent Beck 為簡潔設計制定的規則，如下所示：

1. 通過所有測試

2. 揭示意圖

3. 移除重複

4. 減少元素

第 1 點是不言自明的。程式碼必須通過所有測試。程式碼必須可以運作。

第 2 點的意思是，在程式碼成功運作之後，它必須具有表現力。它應該揭示程式設計師的意圖，也應該易於閱讀和自我描述。在這裡，我們會應用比較簡單、以美化為主的重構。我們也會把大型函數分解為更小、更有意義的函數。

第 3 點的意思是，在程式碼具備表現力和自我描述力之後，我們將獵捕並移除那些程式碼重複的部分。我們不希望程式碼重複述說同樣的一件事。在這期間，重構通常是比較複雜的。有時候移除重複很簡單，只需把重複的程式碼移入一個函數，然後從許多地方呼叫它。然而有時候需要更有趣的解決方案，例如 Template Method（樣板方法）、Strategy（策略）、Decorator（裝飾）、Visitor（拜訪者）等等的設計模式（Design Pattern）[4]。

第 4 點的意思是，一旦移除了所有的重複，我們應該努力減少結構元素的數量，如類別、函數、變數等等。

---

[4] 設計模式的討論超出了本書的範圍。有興趣的讀者可以參閱這本經典名著：Gamma, E., R. Helm, R. Johnson, and J. Vlissides. 1995. Design Patterns: Elements of Reusable Object-Oriented Software. Reading, MA: Addison-Wesley.

簡潔設計的目標是，只要有可能，請盡量降低程式碼的**設計重量**（design weight）。

設計重量

軟體系統的設計有非常簡單的，也有極度複雜的。設計越複雜，程式設計師的認知負擔就越重。這種認知負擔就是設計重量。設計越重，程式設計師在理解和操控系統這方面，花費的時間和精神就越多。

同樣地，需求的複雜度也有非常小的和非常大的。需求的複雜度越大，在理解和操控系統這方面，花費的時間和精神就越多。

但是這兩個因素並不是疊加的。使用更複雜的設計，可以大幅簡化更複雜的需求。這種折衷妥協通常是有利的。為現有的功能選擇合適的設計，可以大幅降低系統的複雜度。

在設計與功能複雜度之間取得平衡，這就是簡潔設計的目標。利用簡潔設計，程式設計師可以持續重構系統的設計，使之與需求保持平衡，進而將生產力最大化。

結對程式設計

多年來，結對程式設計的實踐引起了很多的爭議和很大的誤解。很多人對這樣的概念抱持負面想法：兩個人（或多個人）可以一起有效率地解決同一個問題。

首先，結對是選擇性的。請不要強迫人們結對。其次，結對是斷斷續續的。有許多很好的理由，可以讓我們時不時地獨自編寫程式碼。團隊應該有 50% 的時間進行結對程式設計。這個數字並不是重點，它也可以是 30% 或 80%。在多數情況下，這是個人與團隊的選擇。

什麼是結對？

結對是兩個人一起解決同一個程式問題。兩個人可能在同一個工作台上合作，共享螢幕、鍵盤和滑鼠。或者他們也可以在兩台相連的工作台上合作，只要他們可以看見並操作相同的程式碼即可。後者可以很好地搭配時下流行的螢幕分享軟體一起使用，這些軟體讓即使不在同一個地點的夥伴也能一起工作，只要他們有良好的資料和聲音連結即可。

結對的程式設計師有時候需要扮演不同的角色。其中一位是駕駛，另一位則是導航。駕駛操作鍵盤和滑鼠，導航眼觀四方並提出建議。另一種方式是程式設計師 A 負責寫測試，程式設計師 B 要讓它通過，然後再寫下一個測試，交由程式設計師 A 來負責讓它通過。這種結對方式有時也被稱為乒乓（Ping-Pong）。

然而更多時候是沒有角色安排的。兩位程式設計師是地位平等的作者，以合作的方式分享滑鼠和鍵盤。

結對不需要事先安排。可以根據程式設計師的偏好組隊或拆夥。管理人員不應該嘗試建立結對時程表或結對指標。

結對通常是短暫的。結對最長可以持續一天，但更多時候不會多於一至兩個小時。甚至 15 到 30 分鐘的結對也是有好處的。

故事不是分配給結對夥伴的。獨立的程式設計師（而不是一對夥伴）才是要負責完成故事的人。一般來說，完成故事所需的時間比結對時間更長。

在一星期的時間內，每一位程式設計師會花費一半的結對時間在自己的任務上，並得到其他人的協助。另一半的結對時間則是花費在協助他人完成任務。

對於資深程式設計師來說，應該多與資歷淺的程式設計師結對，而不是與同樣資深的程式設計師結對。同樣地，對資淺的程式設計師來說，應該多請教資深

程式設計師，而不是向其他資淺的程式設計師尋求幫助。擁有某項特殊技能的程式設計師，應該經常與不具備該項技術的程式設計師一起結對。團隊的目標是傳播和交流知識，而不是讓少數人壟斷知識。

為什麼要結對？

我們之所以結對，是為了表現得像一個團隊。團隊成員不該彼此孤立地工作。反之，他們應該以秒為單位進行協作。其中一位成員倒下時，其他成員應該立即補上，持續朝著目標邁進。

到目前為止，結對是成員之間分享知識並避免形成知識穀倉（knowledge silo）的最佳辦法。要確保團隊中沒有人是不可或缺的，結對是最好的做法。

許多團隊回報說，結對可以減少錯誤並改善設計品質。在大多數情況下，這應該是正確的。一般來說，多一點眼睛盯著要解決的問題是比較好的。實際上，有許多團隊已經用結對取代了程式碼審查。

使用結對作為程式碼審查

結對是一種程式碼審查（code review）的形式，但它擁有一個顯著的優勢。結對的兩位程式設計師在他們的結對期間是共同作者。他們會閱讀並審查舊程式碼，但他們的意圖是編寫新程式碼。因此，審查不僅僅是為了確保團隊應用「寫程式的標準」所進行的靜態檢查，而是對程式碼目前狀態的動態檢視，主要關注程式碼應該何去何從。

結對的成本？

結對的成本是難以測量的。最直接的成本是兩個人一起解決同一個問題。很顯然地，這不會讓解決問題的成效加倍，然而它確實看起來耗費了一些成本。各種研究顯示，直接成本大約是 15% 左右。也就是說，使用結對的方式工作時，需要 115 位結對的程式設計師來完成 100 位不結對的程式設計師的相同工作（不包含程式碼審查）。

粗略的計算顯示，一個團隊如果有 50% 的時間在進行結對，那麼生產力會有不到 8% 的損失。另一方面，如果結對的實踐取代了程式碼審查，那麼可能根本不會有生產力的損失。

然後我們必須考慮交叉培訓、知識交流與緊密合作的好處。這些好處並不容易被量化，但它們可能非常重要。

我與許多其他人的經驗都是「結對」對於整個團隊而言是非常有幫助的，如果不是正式要求而是讓程式設計師們自行決定的話。

只能有兩個人嗎？

「結對」（pair）這個詞彙暗示一次結對只能有兩位程式設計師。雖然情況通常是如此，但這並不是硬性規定。有時候三、四人或更多人會決定一起解決某個問題。（同樣地，這也是程式設計師們自己的決定。）這有時也稱之為群體程式設計（Mob Programming）[5、6]。

---

[5]　https://en.wikipedia.org/wiki/Mob_programming

[6]　https://mobprogramming.org/mob-programming-basics/

管理

程式設計師們經常擔心管理人員會反對「結對」，甚至可能會要求拆開配對、停止浪費時間。我從未遇過這種情況。在我編寫程式的半個世紀中，我從來沒有看過任何管理人員會在這麼細節的層次上進行干預。一般來說，根據我的經驗，管理人員很高興看到程式設計師們一起共事和合作。這給人一種工作正在取得進展的印象。

但是，如果你是一位管理人員，你因為擔心結對的效率低落而想要插手干預，那麼請先把恐懼放在一旁，讓程式設計師自行解決這個問題。畢竟他們是專家。如果你是一位程式設計師，你的管理人員要求你停止結對，這時請提醒管理人員：你自己才是專家。你（而不是管理人員）必須對你自己的工作方式負起責任。

最後，請永遠、永遠不要請求管理人員允許你結對，或測試，或重構，或任何其他事情……因為你才是專家。你會自己決定。

小結

敏捷的技術實踐是任何敏捷工作中的最基本要素。任何沒有技術實踐的敏捷實踐都是注定要失敗的。原因很簡單：敏捷是一種高效率的機制，可以在很匆促的時間內製造出一個很大的混亂。在沒有技術實踐可以提升技術品質的情況下，團隊的生產力將迅速降低，並被捲入一個勢不可擋的死亡漩渦之中。

第6章

成為敏捷

當我第一次學到 XP 時，我心想：『還有什麼比這個更容易呢？只需要遵循一些簡單的紀律和實踐即可。沒有什麼好說的。』

有鑑於許多組織嘗試了敏捷 —— 並且失敗，想必成為敏捷一定是非常、非常困難的吧。或許，敏捷之所以失敗，正是因為「他們以為的敏捷」其實並不是真正的敏捷。

敏捷的價值觀

Kent Beck 很久以前就命名了四個敏捷價值觀，它們是：勇氣（courage）、溝通（communication）、回饋（feedback）和簡單（simplicity）。

勇氣

第一個價值觀是勇氣 —— 或者，換句話說，就是在一個合理的範圍內勇於冒險。敏捷團隊的成員並不太關注所謂政治意義上的「安全性」，因為這會犧牲品質和機會。他們發現長遠來看，管理軟體專案的最佳方式就是具備一定程度的侵略性。

勇氣和莽撞是有差異的。部署最小功能集（minimum feature set）需要勇氣。維護高品質的程式碼和高品質的紀律需要勇氣。但是，倘若你對程式碼沒有高度信心，或是程式碼的設計不具備可持續性，這就是莽撞了。為了遵循時程表而犧牲品質，這是莽撞的。

相信品質和紀律可以**提高**速率，這是一種勇敢的信念，它會持續受到強勢卻天真的人們挑戰，因為他們都很著急。

溝通

我們珍視直接、頻繁的跨管道溝通。敏捷團隊成員希望彼此交談。程式設計師、客戶、測試人員和管理人員希望坐在一起、頻繁互動，而不是只有在開會時才有交集。他們重視面對面、非正式的、人與人之間的對話，而不單是透過 email、通訊軟體或備忘錄聯繫。

這就是凝聚團隊的做法。在快速、混亂、非正式且瘋狂的頻繁互動中，人們經常靈光乍現、恍然大悟。一個經常坐在一起交流的團隊可以創造奇蹟。

回饋

我們研究的各種敏捷紀律，實際上都是為了向「做出重大決策的人」提供快速回饋。規劃遊戲（Planning Game）、重構（Refactoring）、測試驅動開發（Test Driven Development）、持續整合（Continuous Integration）、小型發布（Small Releases）、集體所有權（Collective Ownership）、完整團隊（Whole Team）等等會最大化回饋的頻率與數量。它們讓我們能夠及早確定事情出錯的時間，以便修正它們。這些實踐讓我們學到關於先前決策的後果，並從中記取經驗和教訓。敏捷團隊因回饋而成長茁壯。回饋是讓團隊有效工作的主因，也推動了專案取得有益的成果。

簡單

敏捷的下一個價值觀是簡單 —— 即「直截了當」。我們經常聽到這樣的說法：軟體中的任何問題，都可以透過增加一個間接層（layer of indirection）來解決。但是，勇氣、溝通及回饋的價值觀確保了「問題的數量」被降至最低。因此，間接層也可以保持在最低限度。解決方案可以很簡單。

這不僅適用於軟體，也適用於團隊。「被動攻擊型」（Passive Aggressive）的行為就是一種不直接的表達。假設你發現了一個問題，但你卻默不作聲地把問題傳給別人，你就採取了不直接的表達。若你明明知道會有嚴重後果，卻還是答應了管理人員或客戶的請求，你亦採取了不直接的行為。

簡單就是直接 —— 程式碼直截了當，溝通和行為也直截了當。在程式碼中，一定數量的間接層是必要的。間接層的機制可以減少彼此依賴所帶來的複雜性。在團隊中，其實不太需要這麼多間接層（亦即不直接）。大多數時候，你會希望盡量表現得直截了當一些。

讓程式碼保持簡單。讓團隊更簡單。

珍禽異獸博物館

敏捷的方法如此多，很容易讓人暈頭轉向。我的建議是：請忽略這個珍禽異獸博物館。不管你選擇哪一種方法，你最終都需要根據自己的需求來做調整。因此，無論是從 XP、Scrum 還是其他 5328 種敏捷方法開始，最後都是殊途同歸。

我能給予的最強烈建議，就是應用完整的「生命之環」（The Circle of Life），尤其是其中的技術實踐。有太多團隊只應用了最外圈的業務實踐，然後發現自己落入了陷阱，Martin Fowler 稱之為「無力的（Flaccid）Scrum」[1]。這種疾病的症狀是：專案初期的高生產力隨著時間而緩慢下降，直到生產力變得非常、非常低。生產力變得低落的原因是程式碼本身的腐敗和墮落。

---

[1]　https://martinfowler.com/bliki/FlaccidScrum.html

事實證明，在沒有技術實踐的情況下，敏捷的業務實踐可以「很有效率地」製造出一坨非常大的混亂。此外，如果你在建置時不在乎結構的整潔程度，那坨混亂將嚴重拖慢你的腳步。

因此，請選擇其中任何一種方法，或者全都不選。只要確保你遵守了「生命之環」的所有紀律即可。徵求團隊同意後，就可以開始了。請記住勇氣、溝通、回饋和簡單，並定期調整紀律和行為。請不要請求許可。不要強調「正確的做法」。問題出現時，就處理它，持續地驅動專案，直到得出最佳結果。

轉型

從「非敏捷」到「敏捷」的轉型就是價值觀的轉型。敏捷開發的價值觀包括「勇於冒險」、「快速回饋」、「熱忱」、人與人之間跨越障礙和命令結構的「高寬頻溝通」（High-Bandwidth Communication）等等。它們也專注於以直線和直接的方式前進，而不是對地盤進行劃分與談判。這些價值觀與大型組織的價值觀截然不同，許多大型組織在中間管理層都投入了大筆資金，這些人更重視「安全性」、「一致性」、「指揮與控制」，以及「按照計畫執行」。

像這樣的組織有可能轉型為敏捷組織嗎？坦白說，這部分我做得並不是很成功，我也沒有看到其他人有人多成功的經驗。我看到許多組織投入了大量的人力與金錢，但卻很少看到真正的敏捷轉型。價值觀結構之間的差異實在太大，導致中間管理層無法接受。

我看到的是團隊和個人的轉型，因為引導團隊和個人的價值觀，與敏捷經常是一致的。

諷刺的是，高階主管們也經常被「勇於冒險」、「直接」、「溝通」等敏捷價值觀所驅動。這就是他們試圖推動組織轉型的原因之一。

阻礙是位於中間的管理層。這些人的職務就是「不冒險」、「避免直接」，並以「最低限度的溝通」來遵循和強制執行指揮鏈（chain of command）。這就是組織的矛盾之處。組織的頂層和底層都重視敏捷思維，但中間層卻反對它。我從來沒有看過中間層做出改變。的確，他們怎麼可能改變呢？他們的工作就是反對這種改變。

為了把這點說清楚，讓我跟你分享幾個故事。

詭計（Subterfuge）

在 2000 年我參與的一次敏捷轉型中，我們得到了高階管理人員和程式設計師們的支持。大家都充滿了熱情。問題出在技術領導人（Technical Lead）和架構師的身上。這些人誤以為他們的角色會被削弱。

架構師、技術領導人（Technical Lead）、管理人員以及許多其他人的角色，在敏捷團隊中確實會有所改變，但他們並不會被削弱。可惜的是這些人看不到這點，而這也許是我們的錯。或許是我們沒有好好地讓他們知道，他們的角色對團隊來說有多大的價值，又或許他們只是不願意學習所需的新技能。

無論是出於哪一種動機，這些人秘密會面，密謀了破壞敏捷轉型的計畫。詳情我不願多說。我只能說，他們的詭計被發現，然後就被解僱了。

我很想說，敏捷轉型隨後快速發展並取得很大成功，但我卻不能這樣說。

幼獅

在一家規模更大的公司，一個部門很成功地轉型了。他們導入了 XP，多年來工作表現優異，並因此登上了《*Computerworld*》雜誌。事實上，這也讓領導敏捷轉型的工程副總裁（VP of Engineering，VPE）因此獲得升遷。

後來新的副總裁（VP）接任。如同新的雄獅接管了獅群，他除去前任副總裁的所有安排，其中包括了敏捷。他停止了這一切，並讓團隊重新回到原來的、不那麼成功的開發流程中。

這導致團隊中有許多人開始尋找新的工作 —— 我相信這正合新任副總裁的心意。

哭聲

最後一個故事是聽來的。我沒有親眼見證那個關鍵時刻，而是我當時的員工回報給我的。

2003 年，我的公司參與了一家知名股票經紀公司的敏捷轉型。一切都很順利。我們訓練了高階管理人員、中間層的管理人員及開發人員。他們滿腔熱忱。一切都很棒。

然後，到了最後績效考核的時候。高階管理人員、中間層的管理人員及開發人員都聚集在一個大禮堂內。他們的目標是評估敏捷轉型的進展與成效。高階管理人員問：『進展情況如何？』

來自各方的參與者回道：『一切都很順利。』

禮堂內安靜了一會，突然，後排某個人的哭聲劃破了寂靜。接著，情緒的支撐瓦解了，積極的氛圍崩潰了。『這真的太難了。』一旁傳來這樣的聲音。『我們再也無法堅持下去了。』

於是，高階管理人員決定停止轉型。

寓意

我想，這些故事都有相同的寓意，那就是：『*在敏捷轉型中，所有怪事都有可能發生。*』

假裝

如果中間管理層既強勢又反對敏捷，敏捷團隊還能在組織當中存在嗎？我曾經看過這種情況。有一些軟體開發團隊默默地使用敏捷價值觀來驅動開發，同時遵循中間管理層施加的嚴格要求。只要中間管理層滿意他們所使用的流程和標準，他們可能會讓團隊自己做決定。

這就是 Booch 和 Parnas 所說的「假裝」（faking it）[2]。團隊在掩護之下默默實作敏捷，同時滿足中間管理層的所有要求。這些團隊不會與中間層管理人員進行毫無意義的戰鬥，而是在敏捷上面多放一層，讓敏捷在中間管理層眼中看起來是安全、順從的。

例如，中間層管理人員可能會希望在專案的早期階段獲得一份分析檔案，而敏捷團隊能夠提供。因為他們先前已經遵循所有常見的敏捷紀律，編寫了很多系統程式碼，所以他們可以編排一系列的檔案故事（documentation story），藉此產生這份分析檔案。

這個情況是合理的，因為程式碼迭代最初幾次的主要重點是需求分析。中間層管理人員並不需要知道，分析檔案實際上是透過所編寫的程式碼來完成，他們也沒必要去在乎。

---

[2] Booch, G. 1994. Object-Oriented Analysis and Design with Applications, 2nd ed. Reading, MA: Addison-Wesley, p. 233–34.

不幸的是，我也看過一些功能失調（dysfunctional）的組織，他們發現團隊在「假裝」時，以為團隊正在圖謀不軌，於是很快地禁止了敏捷紀律。這真是令人感到遺憾，因為這些團隊實際上正在提供中間層管理人員需要的東西。

在更小的組織中取得成功

我曾看過一些中型組織導入敏捷。他們的中間管理層比較扁平，這些人是從基層慢慢升上來的，並仍然保有直截了當、勇於冒險的思維。

完全轉型為敏捷組織的小型組織並不少見。他們沒有中間管理層，且高階管理人員和開發人員的價值觀是非常一致的。

個人的成功與遷移

最後，有時組織當中只有少數人會採用敏捷的價值觀。在尚未導入敏捷的組織或團隊之中，這些人難以發揮所長。價值觀的差異通常會導致某種分裂。在最好的情況下，推動敏捷轉型的人們會集結起來，建立新的敏捷團隊，並想辦法瞞過中間管理層。如果無法做到，他們可能會選擇尋找（並跳槽）到另一間與他們價值觀相同的公司。

確實，在過去的二十年間，我們見證了軟體產業中的價值觀遷移。擁抱敏捷價值觀的新公司不斷成立，那些渴望以敏捷方式工作的程式設計師則湧向這些公司。

建立敏捷組織

能否建立一個大型組織，讓敏捷團隊在其中蓬勃發展？當然可以！然而請注意，這裡的動詞是「建立」（create）而不是「轉型」（transform）。

當年 IBM 決定要建置 PC 的時候，公司的高階管理人員意識到，組織的價值觀並不允許這種快速的創新和勇敢的冒險。因此，他們以不同的價值觀結構建立了一個全新的組織[3]。

我們在軟體世界中看過這種情況嗎？老舊的大型組織為了導入敏捷而建立一個更小的軟體組織？我看過這方面的跡象，但我想不出任何明顯的例子。我們當然已經看到許多新創公司導入了敏捷。我們也看到，很多大型、非敏捷的公司亦使用許多敏捷諮詢公司的服務，因為他們希望更快速、更可靠地完成某些軟體專案。

這是我的預測：我們終將看到，大型公司在內部建立新的部門，這些部門使用敏捷的方式進行軟體開發。我們也將看到，大型組織在無法轉變既有開發團隊的情況下，會越來越傾向採用敏捷諮詢公司的服務。

教練（Coaching）

敏捷團隊需要教練嗎？簡單的答案是『*不需要*』。長一點的答案是『*有時候需要*』。

首先，我們需要區分敏捷培訓師（trainer）與敏捷教練（coach）。敏捷培訓師教導團隊如何以敏捷的方式做事。他們通常是從外部聘請的，或者是來自團隊外部的內部培訓師。他們的目標是灌輸敏捷價值觀和教導敏捷紀律。他們的任期應該很短。一個由十多位開發人員組成的團隊應該只需要一至兩週的培訓時間。不管敏捷培訓師怎麼說、怎麼做，其他需要學習的東西，他們都要自己去學。

---

[3]　IBM PC（個人電腦）的誕生，請見 IBM 的官網：
https://www.ibm.com/ibm/history/exhibits/pc25/pc25_birth.html。

在團隊轉型的初期，培訓師可能會臨時充當教練的角色，但這只是暫時的情況。
應盡快從團隊內部挑選一個人來填補這個角色。

一般來說，敏捷教練並不是培訓師。他們是團隊的成員，他們的角色是在團隊
中捍衛流程。在開發如火如荼地進行時，開發人員可能會想要暫時擺脫流程。
他們可能會在無意間停止了結對、停止了授權，或是忽略持續建置時出現的失
敗。教練的工作就是觀察到這點，並明指出來。教練是團隊的良心，總是提醒
團隊不要忘了他們對自己的承諾，以及他們認可堅守的價值觀。

這個角色通常是由團隊成員輪流擔任的，一般來說沒有一個正式的時程，而且
會根據團隊的需要而定。一個穩定工作的成熟團隊並不需要教練。另一方面，
處於某種壓力下的團隊 —— 無論是時程安排、業務還是人際關係的壓力 —— 可
能會臨時要求某人擔任這個角色。

教練不是管理人員。教練不負責預算或時程。教練不會指揮團隊的方向，也不
會在管理層面前提出團隊的利益。教練不是客戶和開發人員之間的聯絡人。教
練嚴格來說是團隊內部的角色。管理人員和客戶都不知道誰是教練，甚至不知
道目前是否有一位教練。

Scrum Master

在 Scrum 中，教練稱之為 Scrum Master。這個術語的發明，以及它帶來的一系
列事件，對敏捷社群來說有好也有壞。Scrum Master 的認證課程吸引了許多管
理人員。他們的湧入增加了敏捷在早期的受歡迎程度，但最終卻導致教練的角
色和管理人員的角色混為一談。

如今，我們經常看到的 Scrum Master 根本不是教練，他們只是產品經理，做著
產品經理一直在做的事情。不幸的是，頭銜和認證往往會讓他們對敏捷團隊產
生過度的影響。

認證

當今的敏捷認證就是一個徹頭徹尾、荒謬絕倫的笑話。請不要把認證看得太認真。認證課程中的培訓通常是值得的，但是培訓不應該集中在某一個角色上，而是應該針對團隊中的每一個人。

例如，說某個人是一位「認證的」Scrum Master，這就是一個毫無價值的認證。除了保證這個人付了費用並參加了為期兩天的課程之外，認證者並不能保證任何事情。特別是，認證者並無法保證新誕生的 Scrum Master 會成為一名出色的教練。這個認證的荒謬之處在於，它暗示「認證的 Scrum Master」（Certified Scrum Master，CSM）有其特殊之處，這當然與教練的概念背道而馳。敏捷教練並不是專門被訓練來成為敏捷教練的。

再次說明，這些認證課程中所附帶的培訓課程往往沒有什麼問題。然而，只培訓一個特別的人，這樣的做法是愚蠢的。敏捷團隊中的每一位成員都需要理解敏捷的價值觀和技術。因此，如果團隊中有一名成員接受了培訓，那麼團隊中的所有成員都應該接受培訓。

真正的認證

真正的敏捷認證課程應該是什麼樣子呢？這會是一個持續一整個學期的課程，包括敏捷培訓，以及監督一個小型敏捷專案的開發。這堂課會為學生打分數，學生將被要求達到一個高標準。認證者將確保學生理解敏捷的價值觀，並表現出執行敏捷紀律的熟練程度。

大規模的敏捷（Agile in the Large）

敏捷運動是從 1980 年代尾聲開始的。它很快就被認為是一種組織小團隊的方式，一個小團隊中有 4 到 12 位軟體開發人員。這些數字是有彈性的，且很少有人會深入探討為什麼是 4 到 12 人。但每個人都清楚知道，敏捷（或我們在 2001 年之前對它的任何稱呼）並不適合由數千名開發人員組成的大型團隊。這並不是我們當初要解決的問題。

然而幾乎在同一時間，這個問題被提出了。大型團隊該怎麼辦？大規模的敏捷該怎麼進行？

多年來，許多人試圖回答這個問題。一開始，Scrum 的作者們提出了 Scrum of Scrums 的技術。後來，我們開始看到掛上特定商業品牌的方法，例如 SAFe[4]和 LeSS[5]。關於這個主題的書籍也開始陸續出版。

我相信這些方法並沒有什麼問題。我也相信這些書籍的內容都很好。不過，我既沒有試過這些方法，也沒有讀過這些書。你可能認為，我針對一個沒有研究過的問題發表意見，這樣是不負責任的。或許你是對的。不過，我有我的看法。

敏捷是專為中小型團隊打造，沒別的。對於中小型團隊來說，敏捷可以運作得很好。敏捷從來就不是為大型團隊所設計的。

為什麼我們不嘗試解決大型團隊的問題呢？答案很簡單，因為五千多年來，有無數位專家試圖解決大型團隊的問題。大型團隊的問題是所有社會和文明都需要面對的問題。而從我們目前的文明來看，我們似乎解決得還不錯。

---

[4] https://en.wikipedia.org/wiki/Scaled_agile_framework

[5] https://less.works/

要怎麼建造金字塔？你需要解決大型團隊的問題。要如何打贏第二次世界大戰？你需要解決大型團隊的問題。要如何把人送上月球，再把他們安全帶回地球？你需要解決大型團隊的問題。

但大型團隊的成就不只是這些大型專案，對吧？要如何建立電信網路、高速公路網路、網際網路？要如何製造 iPhone 或汽車？這些都與大型團隊有關。我們龐大的、跨越全球文明的基礎架構和國防工事，證明我們已經解決了大型團隊的問題。

大型團隊是一個已經解決的問題。

小型軟體團隊的問題才是 1980 年代尾聲敏捷運動開始之際尚未解決的問題。我們不知道如何有效組織一個相對較小的程式設計師團隊，使之提高效率。敏捷解決的正是這個問題。

重點是要了解這是一個「軟體」的問題，而不是一個小型團隊的問題。幾千年前，世界各地的軍事與工業組織就已解決了小型團隊的問題。羅馬人如果不解決「如何將士兵分成小隊」的問題，是不可能征服歐洲的。

敏捷就是我們組織小型軟體團隊的一套紀律。我們為什麼需要特別的技術來針對它呢？正是因為軟體的獨特性。很少有任務像軟體開發一樣。軟體的成本／效益和風險／報酬等之間的權衡，幾乎與所有其他類型的工作不同。軟體就像建築，但又沒有建造任何實質的東西。軟體也像數學，但又沒有任何可以證明的東西。軟體像科學一樣是實證性的（empirical），卻又沒有物理定律可以發現。軟體也像會計學，然而軟體描述的是時序性的行為，而非數字事實。

軟體真的和其他東西不一樣。所以，為了組織一個小型的軟體開發團隊，我們需要一套專門針對「軟體的獨特性」來進行調整的特殊紀律。

回顧我們在本書中探討過的紀律與實踐，你會發現，它們當中的每一個幾乎都針對「軟體的獨特性」進行過調整。這範圍從測試驅動開發和重構等較為外顯的實踐，到計畫遊戲等較為隱晦的涵義，均包括在其中。

簡言之：**敏捷是關於軟體開發的。**具體來說，它是關於小型軟體團隊的。每當人們詢問我如何將敏捷應用於硬體、營建或其他任務時，我的回答總是『*我不知道*』，因為敏捷是關於軟體的。

那麼大規模的敏捷（Agile in the large）呢？**我不認為有大規模的敏捷這種東西。**組織大型團隊就是把它們拆分成小型團隊。敏捷解決了小型軟體團隊的問題。把小型團隊組織成大型團隊也是一個已解決的問題。因此，我對大規模敏捷的回答是：把開發人員組織成小型敏捷團隊，然後使用標準的管理和作業研究（Operations Research）技術來管理這些團隊。你不需要任何其他的特殊規則。

現在可以提出的問題是：既然小型團隊的軟體是如此獨特，以至於需要我們發明敏捷，那為什麼這種獨特性在小型軟體團隊組織成大型軟體團隊時會不成立呢？難道軟體就沒有一些獨特性，不只會影響小型團隊，還會影響大型團隊的組織方式？

我對此表示懷疑，因為五千年前我們已解決的大型團隊問題，就是讓多種不同類型的團隊合作。敏捷團隊只是大型專案中需要協調的無數團隊之一。多元化團隊的整合是一個已解決的問題。我沒有看到任何跡象顯示「軟體的獨特性」會過度影響到它們被整合成更大型的團隊。

所以，就我的觀點來看，我的結論是：我不認為有大規模的敏捷這種東西。敏捷是組織小型軟體團隊的必要創新，可一旦組織起來，這些團隊就可以融入到大型組織使用了幾千年的結構之中。

再次重申,這不是我孜孜不倦研究過的主題。你剛剛讀到的只是我的論點,而我可能大錯特錯。也許我只是一個脾氣乖戾的老頭,叫那些玩大規模敏捷的小鬼們滾出我的草坪。時間會證明一切,但現在你知道我賭哪一邊了。

敏捷工具

由 Tim Ottinger 和 Jeff Langr 撰寫,2019 年 4 月 16 日[*]

工匠都能熟練使用他們的工具。木匠在職業生涯的最初階段會熟悉使用鐵槌、量測工具、鋸子、鑿刀、刨刀和水平儀 —— 都是一些便宜的工具。隨著需求增長,木匠會學習並使用更強大的工具(這些通常也更貴),例如:電鑽、釘槍、車床、雕刻機、CAD(電腦輔助設計)和 CNC(銑床)等等。

然而,木匠大師們並不會放棄使用手工具(hand tool),他們會根據需求選擇適合的工具。在只使用手工具的情況下,熟練的工匠可以製作出更高品質的木工作品,有時甚至比使用電動工具(power tool)還要快。因此,有智慧的工匠在使用更複雜的工具之前,都會先精通使用手工具。他們學習了手工具的侷限性,以便知道何時可以使用電動工具。

無論他們使用的是手工具還是電動工具,木匠總是試著精通他們為自己的工具箱所選擇的每一種工具。這樣的熟練度可以讓他們專注在工藝本身(例如一件高品質家具的精緻外型),而不必分心在如何使用工具上。如果沒有充分掌握,工具就會成為交付的阻礙,而使用不當的工具甚至會對專案以及操作者造成傷害。

---

[*] 經授權使用

軟體工具

軟體開發人員必須精通一些核心工具:

- 至少一種程式語言,通常更多

- 一個整合開發環境(IDE)或程式設計師使用的編輯器(vim、Emacs 等等)

- 各種資料格式(JSON、XML、YAML 等等)和標記語言(包括 HTML)

- 以命令列(command line)和腳本(script-based)的方式與作業系統進行互動

- 原始碼儲存庫工具(Git。還有其他選擇嗎?)

- 持續整合╱持續建置工具(Jenkins、TeamCity、GoCD 等等)

- 部署╱伺服器管理工具(Docker、Kubernetes、Ansible、Chef、Puppet 等等)

- 通訊工具 —— email、Slack、英語(!)

- 測試工具(單元測試框架、Cucumber、Selenium 等等)

這些類別的工具對於建置軟體來說是非常重要的。沒有它們,就不可能在當今世界中交付任何東西。在某種意義上,它們代表了程式設計師的「手工具」工具箱。

這些工具當中,有許多工具需要「得來不易」的專業知識才能有效使用。同時,環境不斷變化,這讓精通工具更具挑戰性。精明的開發人員會透過所有相關的工具,找到阻力最小、價值最高的路徑:什麼才能帶來最划算的獲益?

什麼才是有效率的工具？

工具的風貌變化得很快，因為我們總是在學習更有效率的方法來達到我們的目標。我們看到過去幾十年來出現的各種原始碼儲存庫工具：PVCS、ClearCase、Microsoft Visual SourceSafe、StarTeam、Perforce、CVS、Subversion、Mercurial……僅舉這幾個例子。所有工具都有自己的問題 —— 太碎片化、太壟斷（proprietary）或太封閉、太慢、侵入性太強、太可怕、太複雜。然後，一個贏家出現了，它幾乎克服了所有問題：Git。

Git 最強大的一點是它讓你感到安全。如果你使用過上述工具一段時間，你可能會時不時感到有點緊張。你需要與伺服器保持網路連線，否則你的工作將面臨危險。CVS 儲存庫偶爾會損壞，需要你在一團混亂的閣樓中摸索，希望能從一些渣滓之中恢復損壞的東西。儲存庫的伺服器有時會崩潰。即便有備份，你還是有可能會失去半天工作的成果。有一些商業工具會遭遇儲存庫損壞，這代表你會在電話上花費數小時尋求支援，且恢復程式碼需要支付高額的服務費用。使用 Subversion，你會害怕開了太多分支，因為儲存庫中的原始檔案越多，切換分支時需要的等待時間就越長（可能多達好幾分鐘）。

一個好的工具應該讓你在使用時感到舒適，不會讓你因為害怕使用它而感到噁心。Git 很快：它讓你能夠進行本地提交，而非只能提交到伺服器上。它讓你在沒有網路連線的情況下，可以在本地儲存庫工作。它可以好好處理多個儲存庫和分支，它也擅長支援分支合併。

Git 的介面是相當精簡和直接的。因此，一旦你對 Git 有足夠的熟悉門檻，你就不會過於意識到這個工具本身。相反的，你將關注真正的需求：原始碼版本的安全儲存、整合和管理。工具已經變得沒什麼存在感了。

Git 是一個強大又複雜的工具，那麼「足夠的熟悉門檻」到底是什麼意思呢？幸運的是，80/20 法則在這裡同樣適用：只要 Git 的一小部分功能（大約 20%），

就可以滿足你超過 80% 的日常原始碼管理需求。你可以在幾分鐘內學到大部分你所需要的東西。其餘的都可以在網路上找到。

使用 Git 的簡單性和有效性，帶來了出乎意料之外的、關於「如何建置軟體」的全新思考方式。Linus Torvalds 可能會覺得這實在太瘋狂了，Git 的功能居然能讓它快速拋棄一些程式碼，但「快速拋棄」正是 Mikado Method（天皇法則）[6]和 TCR（Test && Commit || Revert，測試之後提交或恢復）[7]的支持者們所提倡的。雖然 Git 的一個關鍵、強大的方面是它能夠非常有效率地處理分支，但是無數的團隊在使用 Git 時，幾乎只會做根據主線的開發。這個工具已經**擴展適應**（exaptation）了（它以發明者沒有預想到的方式被有效使用著）。

優秀的工具可以做到以下幾點：

- 幫助人們實現他們的目標

- 很快就能達到「足夠的熟悉門檻」

- 對使用者來說是直覺的

- 允許適應和擴展適應（exaptation）

- 是負擔得起的

在這裡，我們使用 Git 作為一個優秀工具的範例……至少 2019 年是如此。你可能在未來的某一年讀到這個段落，所以請記住，工具的風貌是會改變的。

---

[6] Ellnestam, O., and D. Broland. 2014. The Mikado Method. Shelter Island, NY: Manning Publications.

[7] Kent Beck 在 2018 年 9 月 28 日發表的部落格文章《*test && commit || revert*》：https://medium.com/@kentbeck_7670/test-commitrevert-870bbd756864。

實體的敏捷工具

眾所皆知，敏捷專家們使用白板、膠帶、索引紙卡、馬克筆和各種尺寸的便利貼來視覺化管理他們的工作。這些簡單的「手工具」擁有優秀工具的所有品質：

- 它們有助於視覺化正在進行的工作，且易於管理。

- 它們很符合直覺 —— 不需要培訓！

- 它們幾乎不佔腦容量。當你專注於其他任務時，你也可以輕鬆使用它們。

- 它們很容易擴展適應。這些工具都不是專門為管理軟體開發而設計的。

- 它們的適應性很強。它們可以和膠帶或萬用黏土膠（sticky putty）一起使用。你可以把圖片或圖標剪貼上去，你可以使用膠帶貼上額外的指標貼，你也可以使用自己定義的顏色和圖示來表達不同意義之間的細微差異。

- 它們不貴，也很容易買到。

只要使用這些簡單又便宜的實體工具，在同一個地點工作的團隊就可以很輕鬆地管理龐大又複雜的專案。你可以使用貼在牆壁上的活動掛圖紙（flip chart sheet）來輻射（radiate）關鍵訊息。這些資訊輻射體（Information radiator）為團隊成員和專案贊助人總結了重要的趨勢和事實。你可以使用這些資訊輻射體來即時設計並展示新的資訊類型。彈性幾乎是無限的。

然而每一種工具都有其侷限性。實體工具的一個關鍵限制就是它們對分散式團隊（distributed team）來說並不是很有效的。實體工具也不會自動維護歷史 —— 你只能看到目前的狀態。

自動化的壓力

最初的 XP 專案（C3）大部分都是用實體工具管理的。隨著敏捷持續發展，人們對自動化軟體工具的興趣也跟著提高了。這是合情合理的，理由如以下所示：

- 軟體工具提供了一種很好的方法，協助確保以「一致的形式」捕獲資料。

- 擁有了以「一致的形式」捕獲的資料之後，你就可以很輕鬆地獲得看起來很專業的報告、圖表和圖形。

- 可以很容易地提供歷史紀錄和安全儲存。

- 你可以立即與所有人分享資訊，無論他們身在何處。

- 使用線上電子試算表（spreadsheet）等工具，你甚至可以擁有一個完全分散式的、進行即時（real time）協作的團隊。

低科技工具對於習慣華麗簡報和軟體的人來說，是一種阻礙。而既然我們是建置軟體的產業，我們當中的許多人自然會傾向於將一切自動化。

> 給我們軟體工具！

呃……也許先不要吧。我們先暫停一下，想想看。自動化工具可能不支援你團隊特有的流程。一旦你擁有了一個工具，阻力最小的路徑就是按照工具提供的功能來做事情，然後才是考慮它是否支援團隊的流程。

你的團隊應該先建立與目前特定環境相容的工作模式，然後「才」考慮使用支援團隊工作流程的工具。

> 工人使用和控制工具；不讓工具控制和使用人。

你不會想要受限於他人的流程裡。無論你正在做什麼,你都希望先掌握自己的流程,然後才考慮自動化。不過,問題的關鍵並不是使用自動化工具或實體工具,而是:『我們正在使用的工具,是優秀的工具?還是不怎麼樣的工具?』

非窮人使用的 ALM 工具

敏捷誕生後不久,很快就出現了許多用來管理敏捷專案的軟體系統。這些敏捷生命之環管理(Agile Lifecycle Management,ALM)系統有很多種,從開放原始碼的產品,到精緻昂貴的「收縮包裝」(shrink-wrapped)產品,應有盡有。它們可以收集敏捷團隊的資料、管理一長串的功能清單(待辦清單,backlog)、產生複雜的圖形、提供跨團隊的摘要檢視(summary view),並進行一些數值處理(numerical processing)。

擁有一個可以協助我們完成這些工作的自動化工具,乍看之下似乎很方便。除了主要的功能之外,ALM 工具還有一些實用的功能:它們大多數允許遠端互動、可以追蹤歷史紀錄、能處理簡單繁瑣的簿記工作,且具有高度的可設置性。你可以使用它們提供的繪圖工具(plotter)來建立既專業又色彩豐富的圖形,貼在超大的紙張上,作為團隊空間中的資訊輻射體。

然而,儘管 ALM 工具的功能豐富,在商業上也很成功,但它們在「成為優秀的工具」這條路上卻是徹底失敗的。ALM 工具的失敗也是一個很好的警世寓言:

- 優秀的工具讓你很快就能達到「足夠的熟悉門檻」。ALM 工具通常很複雜,一般來說都需要事前培訓。(嗯……誰還記得上一次的索引紙卡培訓是什麼時候?)即便有培訓,團隊成員也經常必須上網搜尋,只為了搞懂如何完成原本應該很簡單的任務。許多人默許工具的複雜性,決定不要深入研究它們,最終只好忍受緩慢又遲鈍的工作方式。

- **優秀的工具對使用者來說是直覺的**。我們不斷看到，團隊成員看著操作指南，試圖弄清楚工具的使用方式。他們操作故事紙卡的樣子就像一群醉漢一樣。他們在網頁之間建立連結，透過複製貼上的方式貼上一大段文字，試圖讓使用者故事彼此產生連接，或是與故事所屬的史詩（Epic）有所掛勾。他們在故事、任務和工作分配中跌跌撞撞，企圖找到正確的使用方式。這簡直是一團混亂。這些工具往往需要團隊投入持續的專注力。

- **優秀的工具允許適應和擴展適應**。要在 ALM 的(虛擬)卡片上新增欄位嗎？你可能需要找到一位專門支援該工具（或把自己獻給該工具）的本地程式專家。或者，你可能不得不向供應商提交變更請求。使用低技術工具只要 5 秒鐘就能解決的問題，使用 ALM 時可能必須花費 5 天甚至是 5 週。快速回饋的時間對於管理流程來說變得不可行了。當然，如果你根本不需要額外的欄位，那麼必須有人恢復更改並重新發布組態設定。ALM 工具的適應性其實並不是很強。

- **優秀的工具是負擔得起的**。ALM 工具的授權費可能高達一年數千美金，而這只是剛開始。安裝和使用這些工具可能需要額外花費相當大的成本，包括培訓、支援，有時候還得客製化。持續的維護和行政工作更進一步提高了擁有成本。

- **優秀的工具會幫助人們實現他們的目標**。ALM 工具很少會按照你團隊的工作方式運作，而且它們的預設模式與敏捷經常是相悖的。舉例來說，許多 ALM 工具預設每一位團隊成員都有獨自的工作分配，也就是說，以跨職能方式一起工作的團隊幾乎無法使用它們。

有些 ALM 工具甚至提供了 pillory board（示眾板）的功能 —— 這是一個儀表板，它會顯示所有人的工作量、產能和進度（或是落後的程度）。這個工具不會醒目提示工作朝著完成的方向流動，也不會提倡責任的分享（但這才是真正的敏捷要做的）。這個工具成為了一項武器，用來羞辱程式設計師，要他們花費更多精力和時間在工作上。

團隊本來每天早上會聚在一起舉行站立會議（每日 Scrum 會議），可是如今，他們聚在一起的目的是為了更新 ALM。人與人之間的互動，已經被工具的自動化狀態報告取代了。

更糟糕的是，ALM 工具通常無法像實體工具那樣輻射資訊。你必須登入，到處搜尋，然後才會找到想要的資訊。當你找到想要的資訊，往往會附帶一些你**不想要**的訊息。有時你需要的兩、三張圖形或圖表可能會出現在不同的網頁上。

ALM 工具未來沒有理由不能成為優秀的工具。但如果你只需要管理一面紙卡牆，且必須使用軟體，那麼請使用一個通用的工具吧，像是 Trello[8]。它簡單、直接、便宜、可擴展，也不會讓你暈頭轉向。

我們的工作方式一直在持續改變。多年來，我們從 SCCS 轉到 RCS，再到 CVS，再到 Subversion，然後是 Git。管理原始碼的方式發生了巨大的變化。測試工具和部署工具等等也有類似的發展（這裡就不列出了）。自動化 ALM 工具很有可能，也會看到類似的發展。

考慮大多數 ALM 工具的目前狀態，從實體工具開始可能是更安全、更聰明的選擇。你可以之後才考慮使用 ALM 工具。若要使用 ALM 工具，請確保它是可以快速學會的、在日常使用中是直覺的、是容易適應的，且購買和使用的成本也在你的預算之內。最重要的是，請確保它支援你團隊的工作方式，能為你的投資提供正向的回饋。

---

[8]　同樣地，至少 2019 年是如此。工具（和軟體產業）的風貌會不斷變化。

教練（Coaching）── 另一個視角

由 Damon Poole 撰寫，2019 年 5 月 14 日[*]

Damon Poole 是我的一位朋友，他在許多事情上並不同意我的觀點。敏捷的教練就是其中之一。所以我認為他的文章會是一個不錯的選擇，能為各位讀者提供不同的觀點。

— Uncle Bob

條條大路通敏捷

通往敏捷的道路有很多條。事實上，我們當中有很多人都是無意間走上這條道路的。有些人可能會說，《敏捷宣言》的出現，就是因為作者們注意到他們都有一個相似的旅程，所以才決定描述它，這樣其他人就可以選擇加入他們。我的敏捷之路始於 1977 年我走進一家電器行的那一刻。當時那家店正好在販售 TRS-80 電腦。身為一位完全的新手，我僅提問了幾個問題，就協助一位資深的程式設計師找到了 Star Trek 遊戲中的 bug。如今，我們稱這樣的合作為「結對程式設計」。而巧合的是，提問正是教練指導中一個重要的組成部分。

從那時候開始，直到 2001 年左右，我其實已經在無意識中實踐了敏捷。我一直在小型的跨職能團隊中寫程式，多數時候都與 in-house 客戶一起工作，專注於完成現在我們稱之為「使用者故事」的功能，並且我們只會進行小規模的、頻繁的發布。但隨後在 AccuRev，我們的主要發布週期變得越來越長，2005 年時一度長達十八個月。有整整四年的時間，我在無意識中進行著所謂的「瀑布式

---

[*] 經授權使用

開發」。這一切實在太可怕了，然而我卻不知道原因。我甚至還被認為是一位「流程專家」。在此不詳述細節，相信這也是許多人都經歷過的故事。

從流程專家到敏捷專家

我初識敏捷的過程是痛苦的。時間回到 2005 年，在 Agile Alliance 大會和其他會議蔚為流行之前，《Software Development》雜誌每年都會召開一系列的會議。在一次《Software Development》美國東部地區會議的演講者招待會上，我發表了一個關於分散式開發管理實踐的演說，當中完全沒有提到「敏捷」這兩個字。然後，我發現我的四周都是軟體產業的思想領袖，如 Bob Martin、Joshua Kerievsky、 Mike Cohn、Scott Ambler 等等。他們似乎只對 3×5 紙卡、使用者故事、測試驅動開發及結對程式設計等主題感興趣。我簡直嚇壞了，覺得他們都被「天花亂墜的敏捷直銷」^{（譯註）}給迷惑了。

幾個月後，為了好好「揭穿」敏捷的真面目，我開始研究它。然後，我突然有了一個靈感。作為一位程式設計師和一位企業主，我對敏捷有了全新的看法：敏捷就像一種演算法，它可以找到市場上價值最高的功能，然後快速將它們轉換為收入。

這個靈感冒出來之後，我突然對敏捷充滿了熱情，想與所有人分享它。我辦了免費的線上研討會（webinar）、撰寫部落格、在會議上發表演說、加入波士頓地區的 Agile New England 小聚會（meetup），之後還負責舉辦。我盡我所能地傳播「敏捷」這個詞彙。當人們與我分享他們實作敏捷遇到的困難時，我總是

譯註： 這裡的原文是 snake oil，即「蛇油」，表示「號稱能治百病但其實一點療效也沒有的神藥」，引申為「天花亂墜、油嘴滑舌、招搖撞騙」等意思。讀者亦可參考這篇文章《蛇年談蛇：想當蛇油推銷員？》：https://www.bbc.com/ukchina/trad/uk_life/2013/01/130130_cny_snake_western。

滿懷熱情地提供協助。我進入了解決問題的模式,並向人們解釋我認為他們應該做什麼。

我開始注意到,我的做法經常會引發反對的聲音和更多的問題。而且不是只有我遇到這種狀況。在極端的情況下,我目擊過多位敏捷人士在會議上與「那些還沒有看見敏捷曙光的人」發生了衝突。我開始意識到,為了讓人們真正有效地接受和使用敏捷,需要用另一種方式來傳授敏捷的知識和經驗,並考慮到學習者的特殊情況。

對敏捷教練的需求

敏捷的概念非常簡單。《敏捷宣言》只用了 264 個英文單字來描述它。但「成為敏捷」(Becoming Agile)卻十分困難。如果它很簡單,所有人早就開始轉型了,我們根本不需要敏捷教練。在一般情況下,要人們做出改變就已經很困難了,更不用說,完全擁抱敏捷需要更多的改變。「成為敏捷」意謂著重新審視根深蒂固的信念、文化、流程、思想,以及工作方式。要讓一個人轉換思維,讓他看見「這能帶來什麼好處」已經是一個挑戰了,更遑論是整個團隊,難度又更高了。而當這種情況發生在一個專門為傳統工作方式打造的環境時,難度也會增加。

所有變革在提倡時要了解一個不變的真理,那就是人們只想做他們想要做的事。變革能持續下去的關鍵,在於找到人們關心且願意投資的議題或機運,然後協助他們達到目標,並只有在他們提出請求或需求時才提供專業知識。其他所有的做法都會失敗。教練指導可以協助人們發現盲點,並挖掘出阻止他們繼續前行的潛在信念。它會幫助人們解決自己的挑戰、達成自己的目標,而不僅僅是開立解決方案的處方箋。

將教練技術引入敏捷團隊

2008 年，Lyssa Adkins 帶來了一種非常不同的敏捷教練（Agile coaching）方法。她把重心放在敏捷教練的純教練技術方面，將專業教練（professional coaching）的技術導入敏捷教練的世界。

在我對專業教練技術與 Lyssa 的做法有了更多理解之後，我開始將這些技術融入到自己的工作方式之中。然後我慢慢發現，人們在教練的過程本身也獲得了龐大的價值。這與任何敏捷知識或教練會傳授的專業知識，是截然不同的。

2010 年，Lyssa 在她的著作《*Coaching Agile Teams*》[9]·（譯註）中完整描述了她的敏捷教練方法。同時，她也開始提供敏捷教練課程。2011 年，她的課程學習目標（learning objective）形成了 ICP-ACC 學習目標的基礎（編按：ICP-ACC 是 ICAgile's Certified Agile Coach 的縮寫，中譯為「ICAgile 認證敏捷教練」）。隨後，國際敏捷聯盟（International Consortium for Agile）也開始透過自己的 ICP-ACC 課程來認證講師。目前，ICP-ACC 課程是敏捷產業中最全面的專業教練指導資源。

超越 ICP-ACC

ICP-ACC 認證包括了這些教練技能：主動聆聽、情商管理、表現儀態、提供清楚又直接的回饋、提供開放性和非引導性的問題，以及保持中立等等。全套的專業教練技能則更廣泛。例如，國際教練聯盟（International Coach Federation，ICF）代表了 35,000 多位認證的專業教練，定義了 11 大類、70 項教練能力。想

---

[9] Adkins, L. 2010. Coaching Agile Teams: A Companion for ScrumMasters, Agile Coaches, and Project Managers in Transition. Boston, MA: Addison-Wesley.

譯註：博碩文化出版繁體中文版《教練敏捷團隊：ScrumMaster、敏捷教練及專案經理轉型的最佳指南》。

要成為一位認證的專業教練，需要經過大量的培訓、嚴謹的認證流程，證明他具備所有的 70 項教練能力，並用文件記錄他數百個小時的付費教練指導經歷。

教練工具

在敏捷社群中，有許多用來指導敏捷和導入敏捷的結構、方法和技術，都與專業教練的意圖一致。這些「教練工具」（coaching tool）可以協助個人和團體發現阻止他們繼續前行的因素，並自行決定如何前進。

有一項教練技術稱之為「強而有力的提問」（powerful questioning），它的其中一個面向是『提出能夠喚起發現、洞察、承諾或行動的問題』。回顧會議（Retrospective），特別是「Team with the Best Results Ever」（有史以來成績最好的團隊）或「Six Hats」（六頂思考帽）等形式，就是一種強而有力的提問方式，它能夠讓團隊自己發現改變的機會，並自行決定如何把握這些機會。開放空間（open space，又名 Unconference，非正式會議）是一種向一大群人（甚至是整個組織）提供強而有力的問題的方式。

如果你接受過敏捷理論或敏捷方法的正式培訓，你可能已經玩過許多闡述敏捷概念的遊戲了，例如翻硬幣遊戲、Scrum 模擬、Kanban Pizza（看板披薩遊戲）、搭建 LEGO 城市等等。這些遊戲讓參加者們體驗到自組織、小批次、跨職能團隊、TDD、 Scrum、Kanban（看板）的強大之處。當參加者的覺察力得以提高，並且能夠參與下一步的決策時，這些遊戲就抓到了專業教練的精髓。

教練工具的數量不斷增長，你可以在網路上找到很多工具：tastycupcakes.org、retromat.org 以及 liberatingstructures.com。

只有專業教練技術是不夠的

如果我們指導的團隊從來沒有聽說過 Kanban，但 Kanban 對他們可能有所幫助，然而就算提出再怎麼強而有力的問題、使用再多專業的教練技術，都無法讓他們自己發想出 Kanban。這時候，敏捷教練就會切換到「提供實用專業知識」的模式。若團隊對此感興趣，敏捷教練就會提供他們相關的專業知識，對團隊進行教學和輔導，並在團隊掌握了新知識之後，再回歸純粹的教練角色。

敏捷教練可以從六大專業領域中汲取知識：敏捷框架、敏捷轉型、敏捷產品管理、敏捷技術實踐、引導技術、教練技術。每個教練都有自己的技術組合。大部分的組織都會先從尋找「具備敏捷框架經驗的敏捷教練」開始。隨著公司不斷前進，他們會在敏捷轉型的旅途中逐漸發現每一個敏捷專業領域的價值。

一直被眾多組織持續低估的一個專業領域是：讓參與寫程式和寫測試的每一個人，都擅長編寫程式碼和建立適合敏捷環境的測試，這也是本書其他章節反覆強調的一件事。這裡的重點是，新增新功能時必須同時新增新的測試，不能只增加功能而不增加測試，也不可以增加技術債，後面這兩種做法都會拖垮團隊開發的速度。

在多個團隊的環境中做敏捷教練的工作

大約在 2012 年左右，隨著越來越多組織在獨立團隊（individual team）上取得成功，人們對**擴展**敏捷（scaling Agile）的興趣也越來越高。也就是說，將組織從支援「傳統」的工作方式轉型為支援「敏捷」的工作方式。

如今，大多數敏捷教練指導都是在多個團隊的情境中進行的，有時甚至多達數十個或數百個團隊。在這樣的環境裡，資源（人員）往往會形成穀倉效應（編按：亦即各自為政，部門間溝通不良），然後又被分配到三個或更多個彼此不相關的專案之中。這些「團隊」並非都是為了一個共同目標而一起工作，不過

都是處於一個傳統的工作環境。大家關心的都是「多年的預算」、「專案組合計畫」等等，使用的是以專案為出發點的思維模式，而不是以團隊或產品為出發點的思維模式。

大規模的敏捷（Agile in the Large）

「大規模的敏捷」與「團隊層級的敏捷」，這兩者的問題是非常相似的。在獲得敏捷好處的過程中，我們會遭遇種種困難，其中之一就是找到並移除所有阻礙團隊協同合作的障礙，以便可以在幾週的時間內讓「客戶的請求」發布上線。而更困難的是讓團隊達到「按需求隨時發布」的程度。

當多個團隊需要協同交付「同一個產品」時，前述困難的項目將會倍增，困難的程度也會提升。不幸的是，在大型組織中導入敏捷有一個常見的模式，那就是把「敏捷導入」看作是一個傳統的專案。也就是說，採用自上而下的、命令與控制的方式，在預先設計（up-front design）中就決定大量的變革。所謂的「大量」，就是如同字面上數以千計的改變。之所以是數以千計，是因為如果你要求數百人改變他們幾十項的日常行為，這其中的每一項都有可能失敗，而這完全取決於這數百人如何看待改變對自己的影響。一開始就疾呼「某個大型敏捷框架」是我們的目標，這聽起來就像是在說：『我們的計畫就是實作這一大堆的軟體需求。』

我曾經參與過許多大規模的敏捷轉型專案（很多專案都有數百個團隊），也與眾多經驗豐富的敏捷教練一起工作，從這些經歷中，我學到最重要的一件事：「成功導入敏捷」與「建立成功的軟體」，這兩者所面臨的問題是完全相同的。開發軟體時，最好是根據頻繁的客戶互動來開發。同樣地，只有當「因改變而直接受到影響的人」充分理解改變的價值，並自願在自身環境中改變，這樣的轉型才能永續。換句話說，我相信最有效率的敏捷轉型策略，就是將「導入敏捷」本身視為一種「敏捷的工作方式」，並在過程中應用教練技術。

使用敏捷和教練技術來變得敏捷

《敏捷宣言》是指導和協調多個團隊工作的最佳樣板：『給予他們所需的環境與支援，並信任他們可以完成工作。』為了支援這點，敏捷社群有一整套可以擴展的模式，它們與《敏捷宣言》的價值觀和原則相容。在這裡，我指的並不是框架，而是建置框架時所需的各種實踐。

所有的框架基本上都是由各種敏捷實踐組合而成的「即食料理包」（"ready-made" recipes）。與其直接使用這些「料理包」，不如考慮利用敏捷和教練技術，來根據自身的狀況「客製化」一份食譜。如果最後這些食譜成為了 SAFe、Nexus、LeSS 或 Scrum@Scale，那就太好了！

那些最成功的企業級敏捷教練是如何結合敏捷和教練技術，來發現並實作最適合組織的敏捷方法呢？以下是簡單的概述：在個人的層面上，教練指導的精髓是協助人們自己解決問題；在團隊和組織的層面上，教練指導的精髓是協助團隊實作自己的目標。首先，教練把「所有被敏捷轉型影響的人們」都視為「客戶」。然後，他們透過回顧會議、開放空間活動等技術，來發現客戶眼中的挑戰和機會；這些挑戰和機會將成為組織的敏捷導入待辦清單（backlog）。接下來，教練使用「圓點貼紙投票」（dot voting）之類的團體決策工具（group decision-making tool），來確定最重要的待辦清單。然後，他們協助組織實作一些最重要的待辦項目。最後，他們進行回顧會議，並重覆上述流程。當然，對於許多參與者來說，這將是他們的第一次敏捷導入。只有教練技術是不夠的；教學和輔導也將發揮作用，好讓人們能夠作出明智的決策。

敏捷導入的成長

以下是一份清單，它列出了你應該為「敏捷導入的待辦清單」考慮的各種實踐。這份清單是原創的，並利用「敏捷教練三部曲」（Agile coaching trifecta）來定期維護、更新：先蒐集「便利貼想法」，然後移除「重覆的便利貼」（de-duping， de-duplication），最後由十多位企業級教練利用「圓點貼紙投票」來決定優先順序。這只是對這些實踐的高階描述，供大家參考。還有許多沒有出現在清單上面的敏捷實踐 —— 但你可以把這份清單當作一個起點。舉例來說，與其導入 Scrum、Kanban、XP 或某個大規模框架，不妨看看以下清單中的哪一個實踐，與團體或團隊的目前需求最爲相關，並採用它。試用一段時間之後，再重覆前述流程。

- **Kanban 的實踐**：Kanban 實踐包括讓工作視覺化（使用卡片牆）、限制 WIP（work in progress，在製品），以及拉動系統（Pull System）^{（譯註）}。

- **Scrum 與 XP 的實踐**：這兩種方法放在一組，因爲除了 XP 的技術實踐之外，兩者非常相似。舉例來說，在 SAFe 中，它們都被稱爲 ScrumXP。它們包含了各種實踐，例如每日召開簡短的團隊會議、PO（Product Owner，產品負責人）、流程引導者（process facilitator，即 Scrum Master）、回顧會議、跨職能團隊、使用者故事、小型發布、重構、先編寫測試，以及結對程式設計。

- **對齊團隊事件**（Align team events）：如果團隊的事件（例如「站立會議」和「回顧會議」）是跨越多個團隊的，且在時間上是保持一致的（對齊的），就有可能透過「升級樹」來發現日常的、系統性的障礙。但這需要對齊迭代的開始和停止時間，也需要對齊迭代的長度。不使用迭代且能按照需求發布的團隊，將可以與任何其他團隊的節奏保持一致。

- **升級樹**（Escalation trees）：如果團隊總是能在「產生最高價值的項目」上工作，那麼遇見障礙時，也應該能立刻透過「明確定義的路徑」將障礙升級。無論是常用的 Scrum of Scrums，還是相對沒沒無聞的 Retrospective of

---

譯註：有興趣的讀者可以參考這篇部落格文章《看板方法：拉動系統 Pull System》：
https://ruddyblog.wordpress.com/2014/10/19/%E7%9C%8B%E6%9D%BF%E6%96%B9%E6%B3%95-%E6%8B%89%E5%8B%95%E7%B3%BB%E7%B5%B1-pull-system/

Retrospectives（RoR），都是為了建立有效的障礙升級機制。建立障礙升級樹的其中一種模式是利用 Scrum@Scale 的一個簡化版本（fractal pattern）：透過 Scrum 和 Scrum of Scrums 進行擴展（在獨立團隊中採用 Scrum、在跨團隊時採用 Scrum of Scrums），以此建立一個 Executive Action Team（決策層行動小組，EAT）。

- **團隊之間的定期互動**：這個實踐涉及 Scrum Master、Product Owner 和團隊成員之間的定期互動（regular interaction），他們為了完成一個共同的「交付標的」（deliverable）而一起工作。實踐定期互動的一種做法是舉辦定期的開放空間活動。

- **Portfolio Kanban（專案組合看板）**：傳統的專案組合管理實踐傾向於讓人們在多個團隊之中工作，這導致了大量的多工處理（multitasking）。多工處理會造成摩擦、增加複雜性，並降低吞吐量（throughput）。Portfolio Kanban 會在初始階段設置 WIP 的限制，藉此確保組織總是專注在「價值最高的工作」之上。同時進行較少的專案，也會大幅簡化（甚至排除）了多個團隊之間的協作。Portfolio Kanban 與 Minimum Viable Increment（最小可行性增量）結合使用時，效果最好。

- **Minimum Viable Increment（最小可行性增量）**：這個概念有許多變形，但是核心思想是相同的 —— 如何利用最短的路徑，在最短的時間內產生最高的價值。已有越來越多的組織，透過「持續交付」（Continuous Delivery）將這點發揮到淋漓盡致：頻繁地發布小更新，有時甚至是每一天發布很多次。

大處著眼，小處著手

大部分多團隊敏捷導入之所以會遭遇困難，是因為他們總是專注在應付複雜性，而非嘗試把事情變得簡單。根據我的經驗，「大規模的敏捷」（Agility in the large）的其中一塊基礎，就是在團隊層級具備很高的敏捷性、在其他地方擁有

很低的複雜性。把一堆快艇綁在一起組成艦隊，這根本是英雄無用武之地。以下這些實踐通常與「團隊層級的敏捷」息息相關，它們同時也有助於推動多團隊協調：

- **SOLID 原則**：這些原則在任何規模上皆具價值；它們在簡化「多團隊協作」這方面特別有用，因為它們可以大幅減少依賴關係。

- **小而有價值的使用者故事**：小型的、可以獨立發布的故事限制了依賴關係的範圍，進而簡化了多團隊協作。

- **小又頻繁的發布**：無論這些發布是否要交付給客戶，都應該在所有參與的團隊中擁有一個可發布的產品，這種做法有助於讓「協作和架構問題」及早浮上檯面，以便找到根本的原因並處理它們。雖然有一些 Scrum 團隊已經忘記了，但 Scrum 是這樣說的：『*無論 Product Owner 是否決定發布，產品增量都必須是處於可用的狀態。*』也就是說，「可發布版本」必須與它所依賴的所有團隊之工作成果整合在一起。

- **持續整合**：XP 在整合方面的立場尤其堅定，它要求在每次簽入之後，都要對整個產品進行整合。

- **簡潔設計**：這個實踐也稱之為 Emergent Design（浮現式設計），這是最違反直覺的一種實踐，也是最難學習和應用的實踐之一。獨立的團隊即使不用與其他團隊協作，也會覺得這很困難。在協調多個團隊之間的工作時，「整體的（monolithic）、集中化的、預先計畫好的架構」會造成團隊之間產生「大量的依賴關係」，這往往會迫使團隊在工作的時候綁手綁腳，進而破壞敏捷的諸多承諾。簡潔設計，尤其是與微服務架構（microservices architecture）一起使用時，讓「大規模的敏捷」（Agility in the large）成為了可能。

敏捷教練的未來

在過去幾年內，專業教練與專業引導開始出現在敏捷的課程大綱之中。Scrum Alliance 的 ACSM（Advanced Certified Scrum Master）課程有一些學習目標與教練技術和引導技巧有關；而他們的 CTC（Certified Team Coach）和 CEC（Certified Enterprise Coach）認證課程也要求你具備更多的引導技巧和教練技術。Scrum 指南現在的說法是：Scrum Master 正在「教練」他們所服務的人。

透過上述課程，以及透過與「敏捷社群中的專業教練」互動，有越來越多的人認識了專業的教練技術，而敏捷教練的「教練」部分也越來越得到重視。在過去的幾個月內，人們對「專業教練技術」的興趣似乎越來越高。大家開始跳過 ICP-ACC 路徑，傾向直接進入 ICF 路徑。第一間專門為敏捷人士提供 ICF 認證的教練學校已經成立了，且至少還有另外一間學校正在籌備中。敏捷教練的未來一片光明！

小結（Uncle Bob 回來啦）

從許多方面來說，本章關注更多的是「不做什麼」，而不是「做什麼」。這也許是因為我已經看過太多「如何不去變敏捷」的例子了。畢竟，就像二十年前的我一樣，我的想法仍然是：『還有什麼比這個更容易呢？只需要遵循一些簡單的紀律和實踐就可以了，沒有什麼好說的。』

第 7 章

軟體工藝

——— 由 Sandro Mancuso 撰寫，2019 年 4 月 27 日

興奮,這是許多開發人員第一次聽到敏捷時的感覺。對於我們這些經歷過軟體工廠和瀑布思考的開發人員來說,敏捷是解放(emancipation)的希望:我們能在一個協作的環境中工作,且我們的意見會被聆聽與尊重;我們將擁有更好的工作流程和實踐;我們將在更小的迭代及更短的回饋迴圈中工作;我們會規律地將應用程式發布到正式環境之中;我們會與使用者互動並取得他們的回饋;我們會持續檢查並調整我們的工作方式;我們會在流程一開始就積極參與;我們每天都會與業務接觸(事實上,我們會是一支團隊);我們會常常討論業務和理論上的挑戰,對前進的方向達成共識,且我們會被視為專業人士;業務與技術會一起合作,產生傑出的軟體產品,交付價值給我們的公司和客戶。

起初,我們認為敏捷美得不夠真實。我們以為公司永遠不會擁抱敏捷思維,更不用說敏捷實踐了。但大部分的公司都這樣做了,這讓我們既驚喜又充滿希望。剎那間,一切都不同了。我們有了產品待辦清單和使用者故事,不再有需求文件了;我們有了實體白板和燃盡圖,不再有甘特圖了;我們有了便利貼,每天早上都會根據進度來移動它們。這些便利貼非常強大 —— 它們會引起深度的心理成癮。它們代表了我們的「敏捷性」。牆上的便利貼越多,我們就覺得自己越「敏捷」。我們是一個 Scrum 團隊,不再是一個施工團隊了。我們不再有管理人員。有人說我們不再需要被管理了;我們的管理人員現在是產品負責人,而我們應該要自我組織(self-organize)。我們被告知,產品負責人和開發人員應該密切協作,就像一支團隊一樣。從這一刻開始,作為一個 Scrum 團隊,我們被授權做出決策 —— 不只是技術決策,還有專案相關的決策。至少我們認為如此。

敏捷如旋風般席捲了整個軟體產業。但是,就像以訛傳訛的傳話遊戲(Chinese Whispers)一樣,最初的敏捷概念被曲解了、簡化了,最終來到公司裡,成為「可以更快交付軟體的流程」的承諾。對於那些使用瀑布或 RUP 的公司和管理人員來說,這聽起來就像音樂般悅耳。

管理人員和利益相關者感到非常興奮。到頭來,誰不想要敏捷呢?誰不希望更快速地交付軟體?即便是那些抱持懷疑態度的人也很難拒絕敏捷。倘若你的競爭對手在廣告中宣稱他們是敏捷的,而你卻沒有,你怎麼辦?你的潛在客戶會怎麼看你?公司無法承擔不敏捷的後果。而在敏捷高峰會之後的幾年內,世界各地的公司都開始他們的敏捷轉型。敏捷轉型的時代就此展開。

敏捷的宿醉

從一種文化轉型到另一種文化,這並不容易。公司需要外部的協助來進行組織轉型,這帶來了一種新型專業人才的龐大需求:敏捷教練。市面上出現了很多種敏捷認證課程。一些敏捷認證只需要參加兩天的培訓課程即可獲得。

向中間層管理人員兜售敏捷流程是很容易的 —— 他們希望軟體可以更快交付。『工程部分很簡單。只要我們解決了流程,工程部分自然就解決了。』管理人員被這樣告知。『有問題的永遠是人。』管理人員喜歡這樣的說法。管理人員負責管理人,只要他們繼續掌權,他們就很樂意讓他們的直屬下屬更快地工作。

有許多公司是真正從他們的敏捷轉型中獲益的,如今,他們處於比之前更好的位置。很多真正敏捷的公司可以一天多次將軟體部署到正式環境之中,讓業務和技術可以像一個真正的團隊一樣工作。但是對於其他公司來說,顯然並非如此。希望推動開發人員更快工作的管理人員,正在利用流程的完整透明性來進行「微觀管理」。那些既沒有業務經驗也沒有技術經驗的敏捷教練們,正在指導管理人員,並告訴開發團隊應該怎麼做。路線圖和里程碑現在由管理人員定義,並強迫開發團隊遵循 —— 開發人員可以估算他們的工作,但他們背負著巨大的壓力,無論估算如何,他們都必須在強制實行的里程碑內完成。一個很常見的情況是,管理人員已經定義了專案未來六到十二個月所有的迭代和相應的使用者故事。如果在一次衝刺中無法交付所有的使用者故事點數,開發團隊就需要在下一次的衝刺中更加努力工作,以彌補上一次的延誤。「每日站立會議」

變成開發人員必須向產品負責人和敏捷教練報告進度的會議，詳細說明他們正在做什麼，以及何時可以完成。如果產品負責人認為開發人員在某些事情上面花費了太多時間（例如自動化測試、重構或結對），他們會直接叫團隊停止做這些事情。

戰略性（strategic）的技術工作在「他們的敏捷流程」中是沒有位置的。這當中沒有架構或設計上的需求。所謂的命令就是專注在產品待辦清單中「最優先的項目」（highest-priority item），並盡快完成它們 —— 一個接著一個。這種做法會導致戰術性（tactical）的消除工作不斷重覆進行，進而累積不少技術債。脆弱的軟體，即知名的單體應用程式（或一些嘗試微服務的團隊所獲得的分散式單體應用程式），成為了主流。bug 和維運問題成為每日站立會議和回顧會議的熱門話題。發布到正式環境也不像業務所冀望的那樣頻繁。手動測試循環依然要花費好幾天（甚至好幾週）才能完成。原本期待導入敏捷就能避免這些問題，這個想法也破滅了。管理人員責怪開發人員做得不夠快。開發人員埋怨管理人員不讓他們做必要的技術性和戰略性工作。產品負責人不認為自己是團隊的一部分，當發生問題時，他們也不願承擔責任。壁壘分明的文化（us-versus-them culture）佔據了主導地位。

這種情況我們稱之為「敏捷的宿醉」（Agile Hangover）。在經過多年對敏捷轉型的投資之後，這些公司發現，他們仍然擁有許多「以前就存在的問題」。當然，他們把責任都推到敏捷身上。

不符合期望

只專注「流程」的敏捷轉型，並不是完整的轉型。在敏捷教練嘗試指導管理人員和交付團隊採用敏捷流程的同時，並沒有人協助開發人員學習敏捷的技術實踐和工程技能。以為只要解決人與人之間的協作問題，就可以改善工程，這樣的想法是錯得離譜。

良好的協作可以移除工作時的一些障礙，但未必會使人變得更熟練。

敏捷轉型往往會伴隨著一個很高的期望：在功能完成之際，或至少在每一次迭代結束之後，開發團隊都應該交付「可上線產品」（production-ready software）。對於大多數的開發團隊來說，這是一個很大的變化。若不改變工作方式，他們是無法達成的，這代表他們必須學習和精通新的實踐。但這其中存在幾個問題。在敏捷轉型中，幾乎不會為「提升開發人員技術」撥出預算。企業也不希望開發人員在導入敏捷的過程中慢下來。大多數的人甚至不知道開發人員需要學習新的實踐。他們一直得到的訊息是，只要以更密切協作的方式工作，開發人員就可以工作得更快。

若要每兩週就將軟體發布到正式環境，這需要很多紀律和技術 —— 這些技術是習慣一年只交付幾次的團隊幾乎不會有的。如果有多個團隊，每個團隊有多名開發人員，而他們都在同一個系統上工作，這時若期望新功能開發完成後就能立刻發布到正式環境，情況只會變得更糟。為了能夠一天多次將軟體部署到正式環境，同時又不會影響系統的整體穩定性，團隊需要掌握非常高超的技術實踐與工程技能。開發人員不能只是簡單地從產品待辦清單的最上方取出一個項目，然後開始編寫程式碼，並以為自己能夠在沒有任何差錯的情況下推送到正式環境。他們需要戰略性思考。他們需要模組化設計來支援平行工作。他們需要持續擁抱變化，但同時也要確保系統可以一直部署到正式環境之中。為此，他們需要持續建置靈活又強健的軟體。但是要持續將軟體部署到正式環境，還得保持靈活性與強健性，維持這兩者之間的平衡是極度困難的，沒有必備的工程技能，幾乎無法達成。

以為只要建立一個更緊密協作的環境，團隊自然會發展出這些技能，這種幻想是不切實際的。團隊需要支援才能獲取這些技術技能。這種支援可以是教練指導、培訓、實驗和自學的組合。企業的敏捷性與公司如何快速開發他們的軟體直接相關，這代表他們的工程技能和技術實踐須不斷進化。

走向殊途

當然,並非所有敏捷轉型或所有公司都會面臨前面所提到的問題,或者說至少程度不一。不過,經歷過敏捷轉型的公司,即便轉型得不夠完整,從企業的角度來看,還是處於比之前更好的狀況。他們以更短的迭代工作、業務與技術之間的協作比以前更加緊密、問題和風險能夠被及早發現、企業獲得新資訊的同時也能夠更快速地反映,這是迭代式軟體開發方法所帶來的好處。然而,即便公司的現況比以前還要好,敏捷流程與工程的分離仍然在傷害他們。大多數敏捷教練並沒有足夠的技術技能(有的甚至沒有),無法指導開發人員掌握技術實踐,他們也不常討論工程技能。年復一年,開發人員開始將敏捷教練視為另一個管理層:這些人告訴他們應該做什麼,而不是協助他們更好地完成他們的工作。

開發人員正在遠離敏捷?還是敏捷正在遠離開發人員?

這個問題的答案可能為「兩者都是」。看起來敏捷和開發人員似乎正走向殊途。在許多組織中,敏捷已成為 Scrum 的同義詞。提及 XP 時,就只剩下 TDD 和持續整合等幾個技術實踐。敏捷教練們期待開發人員可以使用一些 XP 實踐,但是他們並沒有提供實質上的協助,也從不參與開發人員的工作。許多產品負責人(或專案經理)仍然不認為自己是團隊的一部分,當事情發展不順時也不覺得有責任。開發人員仍然需要與企業進行艱困的談判,才能進行必要的技術改進,以繼續開發和維護系統。

公司還不夠成熟,導致無法理解「技術問題」實際上是「業務問題」。

隨著對技術技能的關注越來越少,敏捷是否能顯著提升軟體專案的品質?敏捷是否仍然像《敏捷宣言》所寫的那樣,關注在『藉由身體力行並協助他人,致力於發掘更優良的軟體開發方法』?我不太確定。

軟體工藝

為了提升專業軟體開發的標準，以及重建敏捷最初的一些目標，一群開發人員於 2008 年 11 月在芝加哥集合，發起了一個新的運動：軟體工藝（Software Craftsmanship）。如同 2001 的敏捷高峰會，2008 年的會議亦就一些核心價值達成共識，並在《敏捷宣言》的基礎上建立了一個新的宣言[1]：

> 作為有理想的軟體工匠，我們一直身體力行，提升專業軟體開發的標準，並幫助他人學習此工藝。透過這些工作，我們建立了以下價值觀：
>
> - 不僅要讓軟體運作，更要精益求精
>
> - 不僅要回應變化，更要持續增加價值
>
> - 不僅要有個體與互動，更要形成專業人員的社群
>
> - 不僅要與客戶合作，更要建立成效卓越的夥伴關係
>
> 也就是說，左項固然值得追求，右項同樣不可或缺。

《軟體工藝宣言》描述了一種意識形態（ideology），一種思維（mindset）。它從各個角度提升專業水準。

精益求精：這代表程式碼經過精心設計和良好測試，我們不會害怕修改這樣的程式碼。這樣的程式碼能讓業務快速做出反應。這樣的程式碼是兼具靈活性和強健性的。

---

[1] http://manifesto.softwarecraftsmanship.org
http://manifesto.softwarecraftsmanship.org/#/zh-cn

持續增加價值：這代表無論我們做什麼，我們都應該致力於持續為我們的客戶和雇主提供越來越多的價值。

形成專業人員的社群：這代表我們希望彼此分享和學習，進而提高整個產業的水準。我們有責任培育下一代的開發人員。

建立成效卓越的夥伴關係：這代表我們將與客戶和雇主建立專業的關係。我們將始終秉持職業道德，以尊重彼此的態度做事，用最佳的方式與客戶和雇主一起工作並提供建議。我們期望建立一種彼此尊重和展現專業素養的關係，縱使為此我們必須主動出擊、以身作則。

我們不再視我們的工作為例行公事，而是提供專業的服務。我們將掌握自己的職涯，投入時間和金錢，讓自己更進步。這些不僅僅是專業價值觀 —— 它們也是個人價值觀。工匠致力於做到最好，並不是因為有人給予金錢，而是因為他們渴望盡善盡美。

來自世界各地的數萬名開發人員立刻就認同了《軟體工藝宣言》的原則和價值觀。開發人員在敏捷初期感受到的振奮不僅回來了，而且更加強烈。人們開始稱自己為「工匠」（Craftspeople），且他們決定不再讓他人挾持自己的運動。這是開發人員自己的運動。這次運動將鼓勵開發人員成為更好的自己。這次運動將激勵開發人員成為並認同自己是一位技術高超的專業人士。

意識形態與方法論

意識形態（ideology）是思想和理想的系統。方法論（methodology）則是方法和實踐的系統。意識形態定義了想要達到的理想目標。一種或多種方法論可以用來實現這些理想 —— 它們是達成目標的手段。檢視《敏捷宣言》和 12 個原

則時[2]，我們可以清楚看到它們背後的意識形態。敏捷的主要目標是提供業務敏捷性和客戶滿意度，而這是透過「密切協作」、「迭代開發」、「短回饋迴圈」及「卓越技術」來達成的。像 Scrum、XP、動態系統開發方法（DSDM）、自適應軟體開發（ASD）、水晶方法（Crystal Method）、功能驅動開發（FDD）等等的敏捷方法論，都是實作「同一個目的」的不同手段。

方法論和實踐就像腳踏車的輔助輪，它們可以協助人們起步。如同小孩子學習如何騎腳踏車，輔助輪可以協助他們以安全的、可掌握的方式起步。一旦他們具備了一點信心，我們就把輔助輪抬高一些，讓他們訓練平衡感。到下個階段我們拿掉一個輔助輪，之後再拿掉另一個。這時，小孩已經可以自行騎車了。但是，如果我們太過關注輔助輪的重要性，並讓它們在腳踏車上停留太久，小孩就會過度依賴它，不希望它被拿掉。過分關注一個方法論或一套實踐會讓團隊和組織偏離其真正的目標。我們的目標是教會小孩騎腳踏車，而不是適應輔助輪。

Jim Highsmith 在他的著作《*Agile Project Management: Creating Innovative Products*》中是這樣說的：『*沒有實踐的原則只是空洞的外殼，而沒有原則的實踐往往是盲目的跟隨。原則指導實踐。實踐落實原則。它們是相輔相成的。*』[3]雖然方法論和實踐僅是達到目的的手段，我們也不該忽略它們的重要性。定義專業人士的標準就是檢視他們的工作方式。倘若我們的工作方式（方法和實踐）與這些原則和價值觀不一致，我們就不能宣稱自己擁有這些原則和價值觀。傑出的專業人士可以精準描述他們在特定情境中的工作方式。他們精通各式各樣的實踐，並可以根據需求使用它們。

---

[2] https://agilemanifesto.org/principles.html

[3] Highsmith, J. 2009. Agile Project Management: Creating Innovative Products, 2nd ed. Boston, MA: Addison-Wesley, 85.

軟體工藝也有實踐嗎？

軟體工藝並沒有實踐，而是鼓勵持續探索更好的實踐與工作方式。當我們發現更好的替代方法，既有的良好實踐就不再使用了。所以若將特定的實踐與軟體工藝綁在一起，只會讓它變得脆弱和過時，因為總是有更好的實踐會被發掘。但這並不代表國際軟體工藝社群不提倡任何實踐。相反地，自 2008 年建立以來，軟體工藝社群認為 XP 是目前最好的一套敏捷開發實踐。軟體工藝社群大力提倡 TDD、重構、簡潔設計、持續整合、結對程式設計 —— 但這些是 XP 的實踐，並不是工藝的實踐。它們也不是唯一的實踐。工藝也提倡 Clean Code 和 SOLID 原則。它也鼓勵小型提交、小型發布及持續交付。工藝提倡模組化軟體設計，以及任何可以移除手動和重覆工作的自動化。工藝也鼓勵任何可以「提高生產力」、「降低風險」並有助於建立「有價值、強健又靈活的軟體」的任何實踐。

工藝不僅僅是關於技術實踐、工程和自我進步。它還包括專業素養，讓客戶得以實作他們的業務目標。而這個領域正是敏捷（Agile）、精實（Lean）和工藝（Craftsmanship）三者完美結合之處。三者都有相似的目標，只是它們以不同但同樣重要的互補角度來解決問題。

關注價值，而非實踐

在敏捷和工藝的社群內，有一個常見的錯誤，那就是提倡實踐，而不是提倡其提供的價值。以 TDD 為例，工藝社群最常出現的問題之一就是：『我該如何說服我的管理人員／同事／團隊做 TDD？』這本身就是一個錯的問題。錯誤之處在於我們尚未就「問題」達成共識，就先提供了解決方案。如果看不到價值在哪裡，人們根本不會改變他們的工作方式。

與其推動 TDD，或許我們應該先就「減少測試整個系統所需的時間」這個價值達成共識。現在，把整個系統測試一遍要花費多長時間？兩個小時？兩天？兩

週？會有多少人參與？如果我們能將時間減少至 20 分鐘呢？兩分鐘？甚至是兩秒鐘？如果我們只要隨時按一下按鈕就可以測試呢？這會為我們帶來良好的投資報酬率嗎？這會讓我們的日子更輕鬆嗎？我們可以更快速地發布可靠的軟體嗎？

如果大家的答案都是肯定的，那麼我們可以開始討論應該使用哪些實踐來幫助我們實作目標。TDD 自然會是一個很好的選擇。對於那些不那麼熱衷於 TDD 的人，我們應該詢問一下他們更傾向使用哪些實踐。針對眾人同意的目標，他們建議使用哪些實踐，可以帶來相同或更多的價值？

在討論「實踐」時，必須先對「要實作的目標」達成一致共識。如果只是拒絕某項實踐卻不提供更好的替代方案，這才是唯一不能接受的。

關於實踐的討論

關於實踐的討論，應該在合適的層級，與合適的人一起進行。如果我們希望導入改進業務與技術協作的實踐，那麼來自業務與技術的人員都應該參與討論。如果開發人員正在討論哪些實踐可以讓他們以更好的方式建置系統，那麼沒有理由讓業務人員也參與其中。業務人員只有在對專案成本或時程有重大影響時，才應該參與討論。

「將整個單體系統重新架構為微服務」與「做 TDD」，這兩者是不同的。前者對於專案成本和時程有非常重大的影響；後者則沒有，只要開發人員想要使用這項技術即可。開發人員有沒有自動化他們的測試，這不是業務人員應該關心的事情。業務人員更不應該關心這些自動化測試是在編寫產品程式碼之前還是之後撰寫的。業務人員應該關心的是，從「業務構想」到「投入正式環境」的前置時間（Lead Time）縮短了。開發團隊應該減少花費在「重工」（rework）上的資金和時間（如 bug，以及測試、部署、正式環境監視等手動流程），這也是業務人員應該關心的問題。降低實驗的成本，這亦是業務人員應該關心的事。

如果軟體沒有模組化，也不容易測試，實驗成本就會變得非常昂貴。業務人員與開發人員的對話應該聚焦於業務價值，而非技術實踐。

開發人員不應該為了編寫測試而請求授權。他們不應該將單元測試或重構視為單獨的任務。讓某項功能準備上線，這也不該是單獨的任務。在開發任何功能時，都應該考慮到這些技術活動。它們不是可以選擇要或不要的。管理人員和開發人員應該只討論「要交付什麼」以及「何時交付」，而非「如何交付」。每一次開發人員主動分享「他們如何工作」的細節，都是在邀請管理人員對他們進行微觀管理。

難道開發人員應該隱藏他們的工作方式嗎？不，絕對不是這樣。開發人員應該能夠向任何感興趣的人清楚說明他們的工作方式及其優點。開發人員不應該做的是讓其他人決定他們的工作方式。開發人員與業務人員之間的對話，應該是關於為什麼（why）、做什麼（what）及什麼時候（when）—— 而非怎麼做（how）。

工藝對個人的影響

工藝對個人有深遠的影響。人們把個人生活和職業生活劃分清楚，這是很常見的。例如『我不想在我離開辦公室後討論工作』或是『我在生活中有不同的興趣』等說法，某種程度上讓工作聽起來像是一件苦差事、一件壞事，一件你不得不做的事 —— 你只是不得不工作，並不是因為你想要工作。將我們的生活拆分為幾個部分的後果是它們會不斷產生衝突。我們始終感覺到，我們必須為了某一種生活犧牲另一種生活，無論我們選擇哪一種。

工藝鼓勵將軟體開發視為一種專業。擁有一份專業（profession）和擁有一份工作（job）是不同的。工作是我們做的事情，但並不是我們的一部分。而專業則是我們的一部分。當人們提問『你是做什麼的？』，有工作的人通常會回答『我在 X 公司上班』或『我的工作是軟體工程師』，但是一位專業人士通常會說『我

是一位軟體工程師』。專業是我們會投資的事物。我們希望不斷提升自己的專業。我們想要獲得更多技能,並擁有持久和充實的職涯。

這並不代表我們不能花時間陪家人,或是不能在生活中擁有其他興趣。相反的,這意謂著我們能夠找到一種平衡承諾和興趣的方法,讓我們得以擁有完整、平衡又美好的人生。有時候我們想更關注家庭,有時候我們想更關注專業,有時候我們想更關注興趣,這都不成問題。在不同時期,我們會有不同的需求。但如果我們擁有的是一份專業,上班就不該是一件苦差事。它應該是另一件能夠帶給我們快樂和滿足的事情。專業賦予了生活意義。

工藝對產業的影響

自 2008 年以來,世界各地出現了越來越多的軟體工藝社群和會議,吸引了成千上萬的開發人員參與。敏捷社群強調的是軟體專案的人員與流程,工藝社群則更關注技術。這些社群是向世界各地眾多開發人員與公司推廣 XP 及許多其他技術實踐的關鍵。很多開發人員都是透過軟體工藝社群學到 TDD、持續整合、結對程式設計、簡潔設計、SOLID 原則、Clean Code 和重構的。他們也學到如何使用微服務來架構系統、如何自動化部署管線(deployment pipeline),以及如何將他們的系統遷移到雲端。他們學習不同的程式語言和範式(paradigm)。他們學習測試和維護應用程式的新技術和各種方法。工藝社群的開發人員們建立了安全又友善的空間,在這裡,他們可以認識志同道合的朋友、討論各自的專業。

軟體工藝社群是極具包容性的。從一開始,軟體工藝的主要目標之一就是讓來自各種背景的軟體開發人員聚集在一起,以便他們能夠互相學習,提升專業軟體開發的水準。工藝社群並不侷限於特定技術(technology agnostic),所有開發人員,無論他們的經驗程度為何,都歡迎參與會議。社群致力於培育下一代的專業人員,他們舉辦各種活動,加入這個產業的人們可以在那裡學到必備的實踐,以建置精心設計的軟體。

工藝對公司的影響

軟體工藝的採用越來越普遍。許多已經導入敏捷的公司現在都在關注工藝，以提升他們的工程技能。然而，軟體工藝並不像敏捷那樣深具業務吸引力。XP 仍是許多管理人員不了解或不感興趣的東西。管理人員了解 Scrum、迭代、Demo、回顧、協作及快速回饋迴圈。但是他們對程式設計相關的技術卻興趣缺缺。對於大多數管理人員來說，XP 與寫程式有關，與敏捷軟體開發無關。

與 2000 年初期那些具備紮實技術背景的敏捷教練不同，如今大多數敏捷教練都無法教授 XP 實踐或與業務人員討論工程技能。他們無法坐下來與開發人員一起結對寫程式。他們無法談論簡潔設計，也無法協助設置持續整合管線。他們無法幫助開發人員重構遺留程式碼。他們既無法討論測試策略，也無法討論如何在正式環境中維護多個服務。他們無法向業務人員解釋某些技術實踐的真正優點，更不用說建立或建議技術策略了。

但是公司需要可靠的系統 —— 這些系統讓他們能夠根據業務需求迅速做出回應。公司還需要積極主動、能力出眾的技術團隊，他們能夠傑出地建立和維護系統。而這些正是軟體工藝擅長的領域。

軟體工藝的思維鼓舞了許多開發人員。軟體工藝賦予他們使命感、成就感，激勵他們願意把事情做到最好的本能。開發人員也是人，他們願意學習並把事情做好 —— 他們只是需要獲得必要的支援，以及一個能夠讓他們一展長才的環境。擁抱工藝的公司通常會看到內部的實踐社群蓬勃發展。開發人員會聚集在一起，組織內部學習小組，一起寫程式、練習 TDD、提升軟體設計技能等等。他們開始對學習新技術感到興趣，並利用現代的技術來調整自己的系統。他們會討論出更好的方式，來改進 codebase、移除技術債。軟體工藝提倡一種學習的文化，讓公司更具創造力與反應力。

工藝與敏捷

觸發軟體工藝運動的契機，有一些與許多開發人員對敏捷未來的發展方向感到沮喪有關。因為如此，許多人認為工藝與敏捷兩者是相悖的。參與工藝運動的人們（他們也曾參與過敏捷運動）會批評敏捷過分關注流程，因此忽略了工程。參與敏捷運動的人們則批判工藝的關注過於狹隘，或者缺乏對實際業務和人員問題的關切。

雖然雙方都有一些合情合理的考量，但大多數的分歧都是與立場不同有關，而非根本上的意見不合。從本質上來說，這兩種運動都希望實作非常類似的目標：他們都希望客戶滿意、他們都想要密切合作、他們都重視短的回饋迴圈。雙方都希望提供高品質、有價值的工作，也都希望展現專業素養。為了得到業務敏捷性，公司不僅需要協作和迭代的流程，也需要良好的工程技能。結合敏捷和工藝的精神，正是達成這個目標的完美方法。

小結

在 2001 年的雪鳥會議上，Kent Beck 說過敏捷就是要彌合企業與開發之間的鴻溝。遺憾的是，當管理人員湧入敏捷社群時，那些最初建立敏捷社群的開發人員認為自己被剝奪了權利，失去了應有的價值。所以他們離開了敏捷社群，改為組織了工藝運動，而長久以來一直存在的不信任感仍在延續。

然而敏捷的價值與工藝的價值是如此相近。這兩個運動不應該分開來。期望某一天，它們能夠超越分歧，攜手解決問題。

第 8 章

結論

就是這樣了。這些就是我對敏捷的回憶、我的個人意見、我的牢騷和抱怨。希望你會喜歡，若是能學到一、兩項新觀點，那就更好了。

在所有軟體流程和方法的變革中，敏捷大概是最重大也是最持久的。其重大又持久的影響證明了，2001 年 2 月參與猶他州雪鳥會議的那 17 個人，真的從很高的山頂上推下了一顆雪球。踩著那顆雪球，眼看它越滾越大、越來越快，然後再看著它撞石砸樹，這對我來說是非常有趣的經歷。

之所以寫這本書，是因為我認為是時候該有人站出來，大聲提醒眾人「敏捷是什麼」以及「敏捷應有的堅持」。是時候該檢視初心。

無論是過去、現在還是未來，這些初心都未曾改變。它們是 Ron Jeffries「生命之環」（The Circle of Life）的紀律；它們是 Kent Beck《*Extreme Programming Explained*》[1]中的價值觀、原則和紀律。它們是 Martin Fowler《*Refactoring*》[2]中的動機、技術和紀律。它們是 Booch、DeMarco、Yourdon、Constantine、Page-Jones 和 Lister 所述的一切。

---

[1]   Beck, K. 2000. Extreme Programming Explained: Embrace Change. Boston, MA: Addison-Wesley.

[2]   Fowler, M. 2019. Refactoring: Improving the Design of Existing Code, 2nd ed. Boston, MA: Addison-Wesley.

Dijkstra、Dahl 和 Hoare 曾為它們吶喊。Knuth、Meyer、Jacobsen、Rumbaugh 也談論過它們。Coplien、Gamma、Helm、Vlissides 和 Johnson 也呼應過它們。若你仔細聆聽,你會發現,Thompson、Ritchie、Kernighan 和 Plauger 曾為它們低語。就連 Church、von Neumann 和 Turing 也曾對這些呼應和低語微微點頭、笑而不語。

這些古老的根源走過千山萬水,經過重重考驗,它們無比真實、堅定不移。無論在它們周圍增加多少新潮花俏的裝飾,這些根源仍舊屹立不搖,仍可左右全局,仍然是敏捷軟體開發的核心。

後記

由 Eric Crichlow 撰寫，2019 年 4 月 5 日

我還記得我的第一份工作，當時那間公司正在準備敏捷轉型。那是 2008 年，該公司剛被一間更大的公司收購，它的政策、流程和人事都發生了很大的變動。我還記得之後的其他工作，其中強調的是敏捷實踐。他們近乎虔誠地遵循著敏捷的儀式：衝刺計畫、Demo、衝刺檢視……在其中的一間公司，所有開發人員都被送去參加為期兩天的敏捷培訓，由經過認證的 Scrum Master 負責。我當時是行動裝置應用工程師，他們讓我開發了一個可以玩敏捷撲克牌的行動 App。

但在我初次接觸敏捷之後的十一年中，我也看過許多公司，老實說，我根本不記得它們是否採用了敏捷。或許是因為敏捷已無所不在，以至於我完全沒有注意或留心這些公司是否正在實作敏捷。又或許是因為有很多組織尚未採用敏捷。

剛接觸敏捷的時候，我並不是特別熱衷。瀑布方法或許有它的問題，但我身處的組織並沒有花費太多的時間撰寫設計文件。身為一位開發人員，我的工作日常就是：某人口頭告知我下一次發布時要完成哪些功能，等這個發布日到了就再給我下一個發布日，然後就放我自生自滅了。確實，這種做法可能會導致可怕的死亡行軍，但這也讓我自由發揮，讓我能夠按照自己的想法做事。沒有頻繁的檢視，無須頻繁的交代，我不必在每日站立會議中一再說明「昨天我做了什麼」和「今天我要做什麼」。如果我想花費一週的時間重新發明輪子，我可以直接去做，沒有人會批判我，因為沒有人知道我在做這件事。

我以前的主管（開發總監）經常稱我們為「程式碼牛仔」（code slinger），如同身處軟體開發的狂野西部，我們就愛在鍵盤上「轟」出一大堆程式碼。他說得對。而敏捷實踐在某種程度上就像是小鎮新官上任的警長，企圖管理我們特立獨行、無拘無束的行徑。

敏捷想贏得我的青睞，還早得很呢！

當時要是有人宣稱敏捷即將成為軟體開發的真正標準，且所有軟體開發人員都會擁抱它，那就真的是自我感覺良好了。相反的，如今要是有人拒絕承認敏捷在軟體開發世界中的重要性，那也是過於鄉愿。但這到底是什麼意思呢？敏捷的重要性是什麼？

你可以去問那些在「敏捷組織」中的開發人員，問他們「敏捷是什麼」，很有可能，你從開發人員那裡和從管理人員那裡得到的答案會大相逕庭。也許這正是本書最具啟發性之處。

在開發人員眼中，敏捷是一種方法論，它的目的是讓開發流程變得順暢，讓軟體開發更好預測、更好實作、更好管理。我們選擇從這個角度來看，這是合情合理的，因為這是直接對我們產生影響的角度。

從個人的經驗來說，管理人員們會如何使用敏捷實踐提供的指標和資料，多數的開發人員是一無所知的。在一些組織中，整個開發團隊會參與關於指標的討論，但在多數情況下，開發人員甚至不知道有這些討論。此外，在某些組織中，這些討論從未發生過。

雖然我早就知道敏捷的這些狀況，但本書仍然給予我許多啟發，讓我更深入地了解敏捷發起人們最初的意圖，以及他們的心路歷程。藉由這本書，我也看見他們人性的那一面。他們不是一群高不可攀的軟體架構師，他們不是萬中選一的軟體工程大師，也不是被推選出來的敏捷傳道家。他們只是一群經驗豐富的開發人員，想要分享一些讓工作更簡單、讓生活更輕鬆的好主意。他們已經厭倦了在一個注定會失敗的環境中工作，他們渴望營造一個可以取得成功的環境。

這聽起來就像是一群普通的開發人員，他們就像我在每一間公司中合作過的那些開發人員一樣平凡。

倘若雪鳥會議晚十五年才召開，或許我會和許多合作過的開發人員聚在一起，並在電子紙（digital paper，數位紙張）寫下我們的想法。但我們只是另外一群身經百戰的開發人員，我們這群人太容易異想天開，這些做法在企業軟體開發的理論上，恐怕只會水土不服。也許在一個「有高階顧問掌握權力、可要求組織和管理層對自己的承諾負責」的世界中，我們的想法都會實現。但是，我們只是軟體工廠巨大機器當中的小小齒輪，我們是可被取代的，幾乎沒有什麼影響力。所以，對於像是「權利宣言」（bill of rights，可參考第 2 章的「權利宣言」小節）這樣的提議，我們只會覺得那是一種理想，大多數的我們都知道這不會成真。

在當今的社交媒體社群，我很高興能夠看到許多軟體開發人員跨越了「資訊工程學系」及「朝九晚五工作」的邊界，與來自世界各地的開發人員接上線，以各種方式學習，分享各自的知識和體驗，教導並鼓舞其他剛入行的軟體開發人員。我誠摯地希望，軟體開發方法論的下一次重大變革，會從這些年輕後輩的線上聚會開始發芽茁壯。

所以，在等待後起之秀掀起下一波浪濤的同時，讓我們花一點時間重新思考目前的處境，以及當前應該要做的事情。

現在你已經讀完這本書了，請仔細思考一下它的內容。考慮敏捷有哪些方面是你已經知道但卻缺乏深思的。請嘗試從商業分析師、管理人員或非開發管理者的角度思考「計畫的發布」和「產品路線圖的建立」。考慮開發人員為敏捷流程提供的輸入，這些輸入為這些角色帶來了哪些價值？你身為一位開發人員的輸入，會對整個流程產生影響，而不僅僅是影響你接下來兩週的工作量而已。反思過後，再來回顧這本書。用更寬廣的視野和胸懷來閱讀這本書，我相信你會獲得更有價值的啟發。

然後，請鼓勵你組織中的另一位開發人員閱讀這本書，並進行同樣的反思。可以的話，也把這本書傳給某位……「不是」開發人員的同事。交給那位負責「業務」區塊的人吧。我幾乎可以向你保證，他們從來沒有認真考慮過「權利宣言」。如果你能向他們說明，這些權利與敏捷是密不可分的，就像他們從敏捷中擷取出來的指標一樣息息相關。如果他們能夠真正理解這點，你的生活會更加輕鬆。

你可能會說，在軟體開發領域中，敏捷儼然成為了一種宗教信仰。我們當中有許多人把敏捷當作最佳實踐，也這樣接受它了。這是為什麼呢？很多人只是聽別人這樣說就這樣做了。敏捷成為一種傳統：事情就是這樣完成的。對於新一代的企業軟體開發人員來說，敏捷一直都在那裡。他們，甚至我們這些老工程師當中有許多人，都不曉得敏捷的起源來自何處？它最初的目標有哪些？它的目的為何？它的實踐到底是為了什麼？姑且不論你對宗教信仰的看法，但我們必須承認：最好的信徒會努力理解自己到底在信奉什麼，而不是聽別人說說就全盤相信。甚至，就像宗教一樣，敏捷也沒有一個所有人都能接受的統一版本。

請想像一下，如果你能看到你所信仰的宗教起源，理解最初的那些事件和思維是如何形塑你後來所見的教義（canon），意義會有多重大？你手中的這本書，就是從專業職涯的角度協助你獲得這樣的啟發。請盡量運用這本書，盡你所能地傳遞給他人，並重申敏捷最初的目標。那是你和同儕們一直嚮往、一直談論的目標，或是在漫長的旅途中，你們不得不放棄。我們的目標是讓成功的軟體開發成為可能。我們的目標是讓組織的目標可以達成。我們的目標是讓流程協助人們做得更好。

博碩文化

博碩文化